Sanaa M. Shanab
Emad A. Shalaby

Compostos químicos de algas

AF526007

Sanaa M. Shanab
Emad A. Shalaby

Compostos químicos de algas

ScienciaScripts

Imprint

Any brand names and product names mentioned in this book are subject to trademark, brand or patent protection and are trademarks or registered trademarks of their respective holders. The use of brand names, product names, common names, trade names, product descriptions etc. even without a particular marking in this work is in no way to be construed to mean that such names may be regarded as unrestricted in respect of trademark and brand protection legislation and could thus be used by anyone.

Cover image: www.ingimage.com

This book is a translation from the original published under ISBN 978-3-659-85993-9.

Publisher:
Sciencia Scripts
is a trademark of
Dodo Books Indian Ocean Ltd. and OmniScriptum S.R.L publishing group

120 High Road, East Finchley, London, N2 9ED, United Kingdom
Str. Armeneasca 28/1, office 1, Chisinau MD-2012, Republic of Moldova, Europe
Printed at: see last page
ISBN: 978-620-8-33821-3

Copyright © Sanaa M. Shanab, Emad A. Shalaby
Copyright © 2024 Dodo Books Indian Ocean Ltd. and OmniScriptum S.R.L publishing group

Conteúdo

Resumo:

O presente estudo teve como objetivo ilustrar a relação entre o stress ambiental e a via de defesa das algas para proteção contra esse stress. Os ambientes marinhos são caracterizados por grandes flutuações das condições ambientais que podem ser fortes indutores de stress nas populações de macroalgas, incluindo temperaturas extremas, rápidas mudanças de salinidade e nutrientes, dessecação, luz solar intensa, entre outros. Estes factores são extremamente importantes para a distribuição geográfica das macroalgas e também podem ser responsáveis por várias respostas fisiológicas destes organismos. O presente estudo conclui que os efeitos de várias tensões nas algas levaram a alterações na expressão genética e à sua relação com a produção de metabolitos secundários que têm diferentes actividades biológicas como actividades antioxidantes, anticancerígenas e antimicrobianas.

Palavras-chave: Algas, Ingredientes activos, Factores de stress, Actividades biológicas

Introdução

As algas são organismos fotossintéticos capazes de gerar rapidamente biomassa a partir de energia solar, CO_2 e nutrientes em massas de água. Esta biomassa consiste em metabolitos primários importantes, como açúcares, óleos e lípidos, para os quais existem vias de processamento para a produção de produtos de elevado valor, incluindo suplementos alimentares para humanos e animais, combustíveis para transportes, produtos químicos industriais e produtos farmacêuticos. As algas são capazes de produzir 30 vezes mais óleos e lípidos por unidade de área de terra do que as culturas oleaginosas terrestres (Sheehan et al. 1998).

As plantas (incluindo as algas) estão expostas a uma série de stresses ambientais e têm de se adaptar fisiologicamente a esses stresses à medida que o ambiente local muda. As vias de reconhecimento e sinalização que regulam as respostas a stresses bióticos (por exemplo, seca, salinidade, frio e calor) são semelhantes às utilizadas para responder a stresses bióticos. A adaptação a uma condição de stress pode, portanto, afetar a tolerância a outros stresses não relacionados, um fenómeno designado por crosstolerância. A redundância de alguns dos principais compostos de sinalização, por exemplo, o ácido salicílico, o cálcio e o oxigénio reativo, pode constituir a base regulamentar para o desenvolvimento desses mecanismos de tolerância múltipla. Descobertas recentes revelam um papel do ácido abscísico na defesa biológica e o envolvimento do ácido salicílico no stress abiótico, indicando assim que estes compostos têm uma importância mais vasta do que anteriormente previsto. Além disso, as respostas celulares dependem frequentemente das concentrações intracelulares e os fluxos de algumas destas moléculas de sinalização podem constituir um stress secundário (Tippmann et al., 2006).

As células expostas a stresses sofrem alterações no seu metabolismo para se adaptarem às mudanças no seu ambiente. O stress altera a resposta morfológica, fisiológica e bioquímica das plantas. Afecta negativamente o crescimento e o desenvolvimento das células (Amirjani 2011). Sabe-se que as enzimas antioxidantes e os osmólitos ocorrem amplamente nas plantas e noutros organismos em resposta ao stress ambiental (Heshmat 2011). Sabe-se que a redução do stress em cianobactérias é conseguida através da produção de várias proteínas de stress (Karthikeyan e Gopalaswanuy 2009). Em condições de stress, os pigmentos das cianobactérias, ou seja, a clorofila a, os carotenóides e a ficocianina, são afectados negativamente. Além disso, as células produzem mais radicais de peróxido que induzem o aumento dos processos de determinação (Kumer et al., 2008). A este respeito, foram estudados os metabolismos secundários e primários como prelúdio para uma futura exploração económica racional, como mostra a Fig. 1.

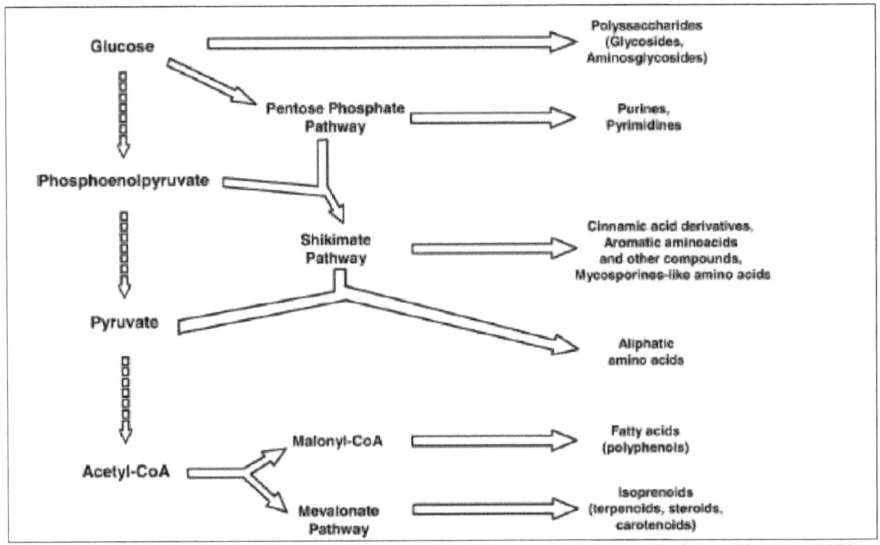

Fig. 1. Principais vias de biossíntese de alguns metabolitos secundários e primários (Shalaby, 2008).

Os ambientes marinhos são caracterizados por grandes flutuações das condições ambientais que podem ser fortes indutores de stress nas populações de macroalgas, incluindo temperaturas extremas, mudanças rápidas de salinidade e de nutrientes, dessecação, luz solar intensa, entre outros. Estes factores são extremamente importantes para a distribuição geográfica das macroalgas e podem também ser responsáveis por várias respostas fisiológicas destes organismos (Luning 1990; Lobban e Harrison 1994). É razoável considerar a possível existência de efeitos semelhantes sobre as defesas químicas destes organismos ou sobre o seu metabolismo secundário. Várias espécies de macroalgas têm a capacidade de produzir um conjunto diversificado de metabolitos secundários, que desempenham papéis ecológicos importantes e vitais, como compostos de defesa e/ou sinalização (Amsler 2008).

Estes produtos químicos podem variar qualitativa ou quantitativamente dentro das espécies; no entanto, estes padrões intra-específicos permanecem em grande parte por examinar.

Quando as condições ambientais são extremas e as microalgas crescem sob stress, sintetizam e produzem vários metabolitos secundários (Fig. 2). Pensa-se que a síntese destes metabolitos secundários funciona como uma tentativa dos microrganismos de manterem as suas taxas de crescimento ou de aumentarem a possibilidade de sobreviverem sob estas condições ambientais desfavoráveis. Os metabolitos secundários referem-se aos compostos que não são utilizados para o metabolismo primário das microalgas (ou seja, divisão celular e metabolismo) e incluem compostos que actuam como antioxidantes, hormonas anti-inflamatórias (Figura 3), antibióticos, aleloquímicos e toxinas (Carmichael, 1992; Skjanes et al., 2012). Alguns destes metabolitos secundários têm particular interesse por constituírem produtos de elevado valor com diversas aplicações Cardozo et al. (2007), Chu (2012), Pulz e Gross (2004), Rastogi e Sinha (2009) e Skjanes et al. (2012).

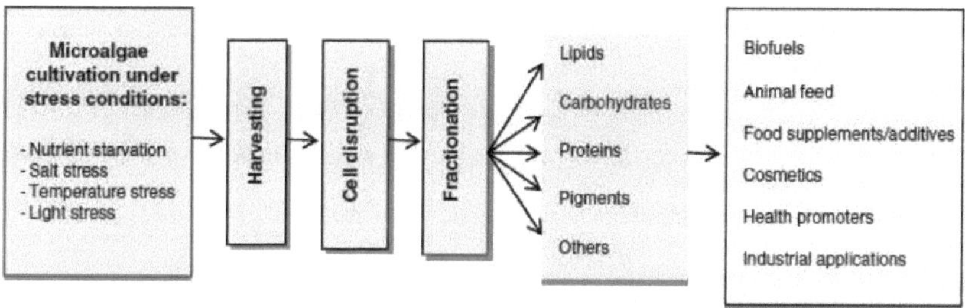

Fig. 2 . **Esquema geral do conceito de biorrefinaria de microalgas. (Markou e Nerantzis, 2013).**

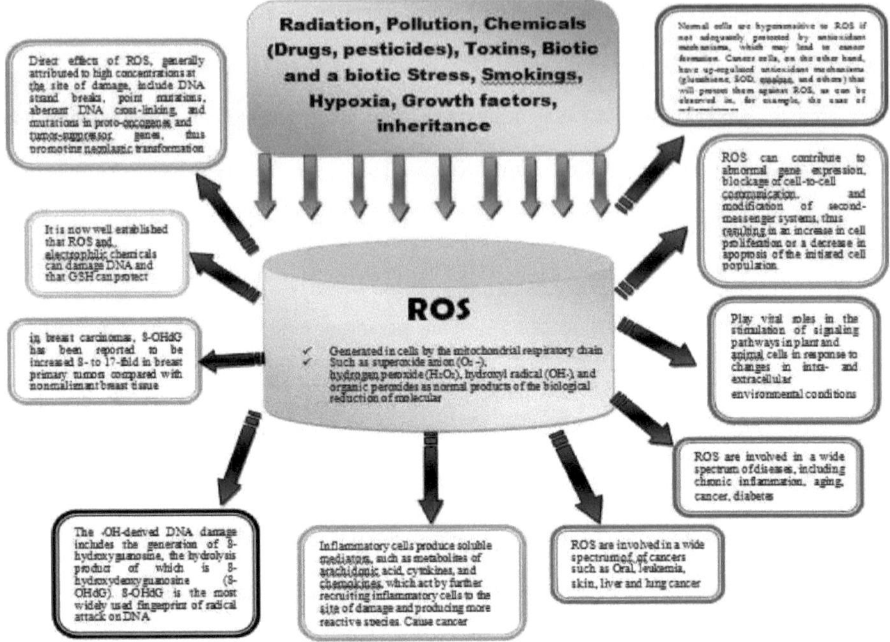

Figura 3: ERO e doenças relacionadas.

Uma preocupação séria sobre o cultivo de microalgas em condições de stress é a diminuição ou a paragem das taxas de crescimento e, consequentemente, a diminuição da produção total e da produtividade. Em alguns casos, é possível que a produtividade de um composto acumulado não consiga atingir a produtividade em condições normais devido à diminuição das taxas de crescimento (Adams et al., 2013). No entanto, este efeito negativo pode ser atenuado através da aplicação de várias técnicas. Uma das técnicas mais sugeridas é o cultivo de microalgas em processo de múltiplas fases, em que em cada fase são aplicadas condições óptimas ou adequadas. A técnica de múltiplas fases mais frequentemente sugerida é o cultivo em sistemas de duas fases, em que na primeira fase são aplicadas condições óptimas com vista à maximização da produção de biomassa, enquanto na segunda fase são aplicadas condições de stress com vista à acumulação do(s) composto(s) desejado(s). No entanto, o cultivo em múltiplos estágios pode consumir mais energia em comparação com os sistemas de um estágio, especialmente naqueles sistemas em que a colheita de biomassa é essencial para o seu encaminhamento para o estágio seguinte (Aflalo et al., 2007; Del Rio et al., 2008). O tópico da otimização de um composto desejável em condições de stress é de particular importância e é necessária mais investigação. Uma vez que a produtividade dos compostos pode ser regulada por uma técnica adequada, esta revisão centrar-se-á no efeito absoluto das condições específicas de stress biótico na biossíntese de diferentes compostos activos (Fig. 4).

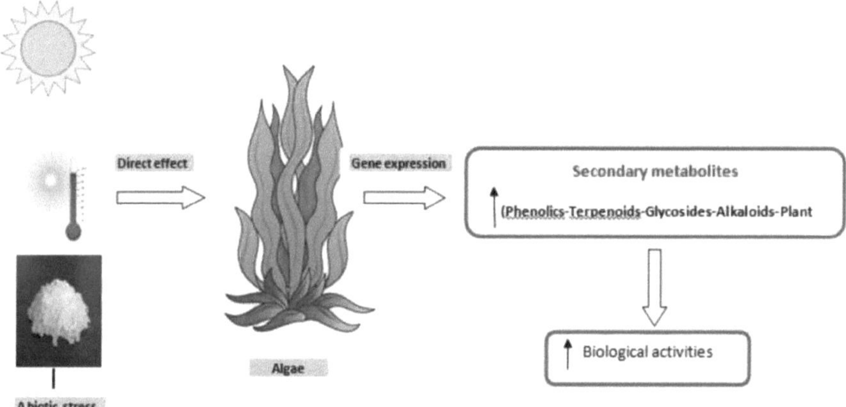

Fig.4. O efeito de diferentes factores de stress biótico na biossíntese de metabolitos secundários em células de algas.

A produção de metabolitos secundários nas plantas é geralmente uma caraterística plástica que pode ser influenciada por uma série de factores bióticos e abióticos (por exemplo, Pavia e Brock 2000). Foi relatado que a temperatura afecta as respostas fisiológicas do metabolismo secundário (Connam et al. 2007), incluindo a variação nas concentrações de metabolitos secundários de macroalgas (Palma et al. 2004). Poucos estudos mostraram que os teores de florotaninos nas macroalgas castanhas aumentam com o aumento da salinidade nos seus habitats (Kamiya et al. 2010). Alguns autores descreveram a influência do regime de nutrientes nos teores de clorotaninos (Peckol et al. 1996) e de terpenóides nas macroalgas (Cronin e Hay 1996b). A influência da irradiância nos metabolitos secundários das macroalgas foi objeto de um estudo aprofundado, embora os resultados sejam contraditórios. Por exemplo, a radiação UV pode induzir aumentos significativos nas concentrações de florotaninos de Ascophyllum nodosum (Pavia et al. 1997), mas este efeito foi menos intenso num estudo posterior (Pavia e Brock 2000). É indubitável que o ambiente luminoso tem grande importância na previsão do teor de florotaninos para algumas espécies (Pavia e Toth 2000). As experiências de campo que manipulam a intensidade da luz também mostram efeitos contraditórios nos compostos terpenóides (ver Cronin e Hay 1996a). No entanto, se os recursos disponíveis para os organismos são finitos, devem ser afectados a muitos processos vitais, incluindo a produção de substâncias químicas de defesa.

CAPÍTULO 1

Alguns factores de stress biótico e o seu efeito nas espécies de algas

1) Factores físicos

a-Luz

A exposição frequente das algas marinhas durante os períodos de maré impõe um stress ambiental considerável, especialmente nas algas intertidais, devido aos elevados níveis de irradiância, às alterações de temperatura e à dessecação, o que gera um stress fisiológico agudo. A capacidade das algas marinhas para ultrapassarem estes desafios e sobreviverem num ambiente tão difícil tem sido associada a um metabolismo alterado elevado com um aumento das espécies reactivas de oxigénio (ROS). Logicamente, as algas sensíveis ou intolerantes às tensões ambientais habitam a zona intertidal mais baixa (onde a emersão na maré baixa é breve e/ou inexistente), enquanto as que se encontram na zona supralitoral (zona de pulverização) possuem geralmente uma maior tolerância às flutuações ambientais. É provável que esta separação espacial dentro da zona intertidal resulte de variações morfológicas (i.e. forma, tamanho e espessura do talo, Chapman, 1986), fisiológicas e bioquímicas entre as espécies de algas marinhas (Murru e Sandgren, 2004). A exposição prolongada das algas a intensidades de luz elevadas pode danificar o sistema fotossintético e contribuir para a diminuição da eficiência quântica e das taxas fotossintéticas máximas.

Muitas algas marinhas intertidais desenvolveram mecanismos para prevenir/evitar danos fisiológicos letais e manter a integridade fisiológica durante e ao longo da emersão. A geração de espécies reactivas de oxigénio (ERO), como o superóxido, os peróxidos de hidrogénio, os radicais hidroxilo e o oxigénio em estado singlete, é rotineira durante o metabolismo fotossintético e respiratório "normal". No entanto, durante períodos de elevado stress fisiológico, como a emersão, as ERO pode aumentar rapidamente. Tanto nas algas como nas plantas superiores, os principais sistemas de defesa evoluíram para as proteger contra os radicais superóxidos e a subsequente formação de peróxido de hidrogénio (H O_{22}). Com exceção do O_2 , todos os ERO são derivados do superóxido e dos peróxidos. A produção de enzimas antioxidantes como a Ascorbato peroxidase (APX), a superóxido dismutase (SOD), a peroxidase (POD) e as catalases (CAT) são, por conseguinte, as principais enzimas de defesa contra os danos excessivos das ERO (Asada, 1999).

Uma diminuição drástica da intensidade da luz subaquática pode levar a um stress fisiológico nas algas submersas, incluindo a redução das suas taxas de crescimento, o aumento do teor de azoto nos tecidos, uma menor produção de substâncias químicas secundárias à base de carbono, como o açúcar e os fenóis, e a restrição da atribuição de carbono aos simbiontes das raízes e aos micróbios que vivem no solo (Cronin e Lodge, 2003). Além disso, a pouca luz enfraquece a tolerância ao stress das macrófitas submersas e leva à diminuição das plantas submersas nos ecossistemas aquáticos, especialmente em lagos eutróficos pouco profundos (Riis et al., 2000).

As zonas intertidais dos estuários são caracterizadas por uma grande variabilidade das condições ambientais causada pela exposição ao ar e à luz solar direta durante os períodos de maré baixa, alternando com a submersão durante a maré alta. Durante a maré baixa diurna, os organismos que vivem nos sedimentos intertidais são sujeitos ou expostos a condições potencialmente stressantes que incluem intensidades de luz elevadas, temperaturas extremamente baixas ou elevadas, salinidades elevadas e vento. Estas variáveis e condições ambientais extremas são susceptíveis de afetar as comunidades de microalgas bentónicas, ou microfitobentos, que formam biofilmes altamente densos na superfície dos sedimentos intertidais (Underwood e Kromkamp, 1999). Durante a maré baixa, a exposição prolongada ao vento e à luz solar direta favorece a evaporação nas camadas superiores do sedimento, expondo frequentemente as microalgas bentónicas a um intenso processo de desidratação. É de esperar que a dessecação cause efeitos limitantes importantes na atividade fotossintética do microfitobentos, tal como se verificou para outros fotoautótrofos, como as macroalgas (Hunt e Denny, 2008).

b- Temperatura

Uma diminuição da temperatura óptima para o crescimento (30° C) para temperaturas subóptimas (18° C) induziu a síntese de 0-caroteno e aumentou o conteúdo de lípidos nas células *de Dunaliella salina*, promovendo assim a formação de glóbulos de lípidos-caroteno na periferia do cloroplasto. O conteúdo de ácidos gordos polinsaturados foi mais elevado nas células cultivadas a baixa temperatura. Por conseguinte, a indução da carotenogénese e a acumulação de lípidos totais (Fig. 5). Em especial, os ácidos gordos polinsaturados (são mecanismos de aclimatação a condições ambientais desfavoráveis para o crescimento (Mendoza *et al.*, 1996).

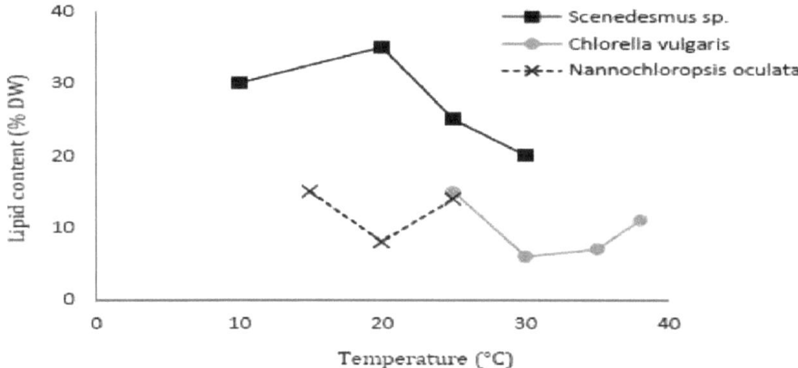

Fig. 5. Efeito da temperatura no teor de lípidos em diferentes espécies de microalgas (Xin et al., 2011).

As mudanças de temperatura podem afetar as algas de forma vital, como a resposta aguda observada a 35 °C, mas também podem promover respostas crónicas devido ao seu efeito nas taxas de fotossíntese (Padilha-Gamino e Carpenter 2007), crescimento e reprodução (Breeman 1988). Diferentes espécies e mesmo diferentes populações de uma dada espécie podem ter diferentes temperaturas óptimas para a fotossíntese (Davison 1991) e para o crescimento (Breeman 1988). Embora os clones que utilizámos tenham sido aclimatados a 24 °C durante mais de 6 meses em condições laboratoriais antes de serem utilizados nas experiências, tinham as mesmas caraterísticas genéticas que a sua própria população natural, que experimenta uma gama anual de temperaturas mais ampla.

São poucos os estudos que investigam a relação entre temperatura e quantidade de metabólitos secundários em macroalgas. Aqui, observamos uma resposta parabólica das quantidades de elatol de acordo com as mudanças de temperatura. Entretanto, esse fator não influenciou as concentrações de metabólitos secundários em L. okamurae (Kuwano et al. 1998) e Plocamium cartilagineum (Palma et al. 2004), quando as temperaturas variaram de 15 a 25 e 11 a 18 °C, respetivamente. A observação de variações sazonais nas concentrações de metabolitos secundários atribuídas a mudanças de temperatura é uma abordagem mais comum; por exemplo, a temperatura influenciou positivamente a produção de defesas químicas em Caulerpa taxifolia (Amade e Leme'e, 1998).

2) Factores químicos

a) Azoto

Sharenkova e Klyachko-Gurvich (1975) afirmaram que a composição de ácidos gordos não se alterou, mesmo após 10 dias na ausência de azoto; a síntese de lípidos foi reduzida e, eventualmente, até parou. Aparentemente, uma vez que o crescimento foi interrompido e não foram sintetizados novos lípidos após o terceiro dia de privação de azoto, a composição de ácidos gordos não podia mudar. Mas, provavelmente, teria sido observada uma mudança notável com a depleção gradual de azoto. Assim, a variação da concentração de azoto não pode ser utilizada como meio de manipulação do conteúdo e da composição dos lípidos e dos ácidos gordos nas cianobactérias.

Os padrões das proteínas solúveis da Spirulina maxima (alga azul-verde) cultivada em vários níveis de concentração de azoto em todas as regiões de peso molecular indicaram claramente que estavam presentes várias bandas de proteínas nas proteínas solúveis das células de Spirulina e muitas das quais foram detectadas como novas bandas de proteínas (Fig. 6 e Quadro 1). Em contrapartida, só apareceram três bandas proteicas nas proteínas solúveis das células de Spirulina maxima cultivadas em meio de azoto livre. Estas bandas encontravam-se em regiões de elevado peso molecular, com pesos moleculares de 115, 112 e 107 kDa. A banda com MW de 112 kDa surgiu como uma nova proteína e a proteína ficocianina foi detectada como uma banda vestigial. Em todas as células de Spirulina cultivadas em diferentes condições de N novo, caracterizaram-se duas bandas com MW de 42 e 37 kDa, que foram identificadas como proteínas c-ficocianina e aloficocianina, respetivamente.

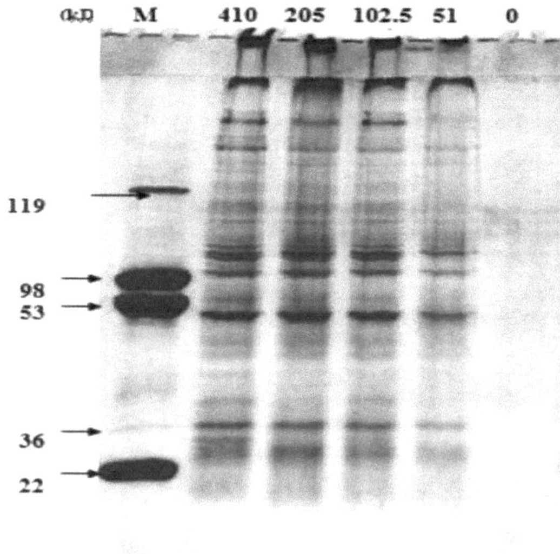

Fig.6. SDS-PAGE para separação de proteínas solúveis de Spirulina maxima**. cultivada sob várias concentrações de azoto (ppm) (Shalaby, 2004).**

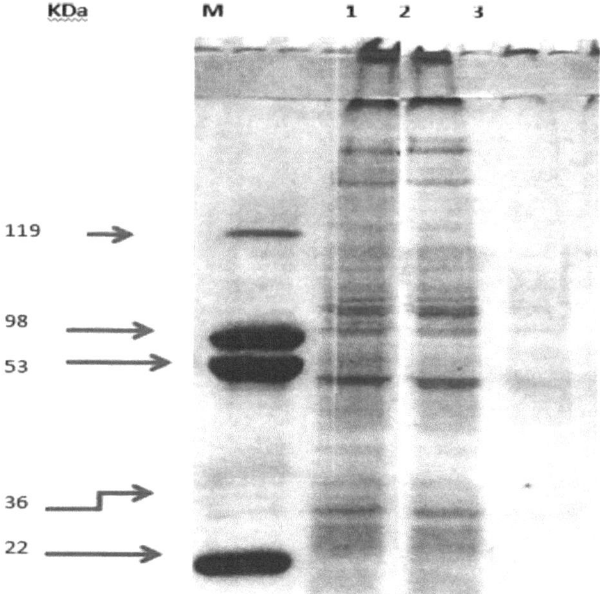

Fig.7: Análise electroforética SDS das proteínas solúveis produzidas pela S.platensis **submetida a stress salino cultivada sob diferentes concentrações de NaCl (0,02, 0,04 e 0,08 M) (Shalaby, 2010).**

As intensidades relativas das bandas proteicas foram alternadas de forma acentuada como resultado da variação da concentração de azoto. Por exemplo, a percentagem de proteína c-ficocianina e aloficocianina (em parantese) em Spirulina maxima cultivada em meios contendo 410, 205, 102,5 e 51 ppm de azoto foi de 4,87 (3,74), 4,74 (6,51), 4,19 (5,93) e 3,8% (5,0%). Por conseguinte, a c-ficocianina e a aloficocianina apresentaram uma correlação negativa e positiva, respetivamente, com a concentração de azoto.

Tabela 1. Padrão proteico da proteína solúvel de Spirulina maxima. **cultivada em vários níveis de concentração de azoto (Shalaby et al., 2008).**

Protein band	Molecular weight (kDa)	hRf	Concentration of nitrogen (ppm) 410	205	102.5	51	0.0
High molecular weight (HMW,%)							
1	189	0.9	2.53	4.21	8.33	6.06	-
2	185	2.1	3.41	4.73	-	-	-
3	167	8.1	1.27	-	2.27	-	-
4	161	10.2	3.06	4.37	4.13	4.60	-
5(n.p)*	156*	11.5	-	2.14*	2.17*	2.39*	-
6	152	13.3	1.09	2.03	1.30	2.71	-
7	149	14.3	1.10	-	-	-	-
8	145	15.7	2.79	3.72	3.29	3.84	-
9(n.p*)	140*	17.8	-	-	-	1.54*	-
10	137	18.8	3.29	4.20	2.57	3.90	-
11	132	20.9	1.16	-	1.80	-	-
12	124	23.9	3.56	-	2.77	-	-

13	115	27.8	5.69	-	4.04	2.08	74.41
14(n.p)*	113*	29.0	-	6.47*	1.35*	3.43*	20.45*
15	106	31.8	2.14	2.43	2.57	4.42	5.14
16	103	33.3	1.31	-	-	-	-
17	101	34.3	1.25	-	-	-	-
Medium molecular weight (MMW,%)							
18	97	35.9	2.28	4.67	3.73	8.77	-
19	94	37.3	2.56	2.82	2.74	2.97	-
20(n.p)*	92*	38.5	-	-	3.04*	4.69*	-
21	91	39.2	2.32	6.20	2.97	-	-
22	89	40.0	2.58	-	2.28	-	-
23	83	43.0	4.19	4.95	4.75	4.13	-
24(n.p)*	77*	45.4	-	2.28*	1.99*	2.90*	
25	73	48.7	4.47	3.85	4.64	2.33	-
26(n.p)*	71*	49.7	-	-	-	1.81*	-
27	67	52.3	5.59	8.29	8.12	6.66	-
28(n.p)*	64*	54.3	-	-	-	2.20*	-

29	59	57.8	4.41	4.34	6.77	2.63	-	
30	55	60.6	3.71	3.01	3.63	4.46	-	
Low molecular weight (LMW,%)								
31	48	65.0	3.30	3.27	3.66	-	-	
32(n.p)*	46*	67.3	-	2.79*	-	-	-	
33	42	70.8	4.87	4.74	4.19	3.88	tr	
34	37	76.3	3.74	6.51	5.93	5.00	tr	
35	34	80.0	3.73	-	-	3.28	-	
36	32	82.0	9.20	7.98	4.97	4.59	-	
37(n.p)*	30*	85.1	-	-	-	4.82*	-	
38	28	89.2	9.40	-	-	-	- -	
Total number			29	28	27	26	3	
Total %			100.0	100.0	100.0	100.0	100.0	

- n.p: nova banda proteica criada em resultado do tratamento

Os resultados mostraram que a indução de novas bandas de proteínas estava correlacionada com a diminuição da concentração de azoto no meio. Em meios com azoto livre, a Spirulina não induziu quaisquer novas bandas proteicas. A proteína solúvel das células de Spirulina cultivadas a um nível médio de azoto de 205 ppm N foi distinguida pela presença de 4 novas bandas, das quais 2 em HMW

(156 e 113 kDa), uma em MMW com MW 78 kDa e uma em LMW com MW 46 kDa. A 102,5 ppm de N, a Spirulina apresentou três novas bandas semelhantes às das células cultivadas a 205 ppm de N com MW de 156, 113 e 78 kDa. Ao passo que, a níveis mais baixos de azoto (51 ppm N), as células apresentavam 6 novas bandas proteicas, 3 das quais semelhantes às das células cultivadas a um nível de azoto > 51 ppm (158, 113 e 77 kDa) e as bandas proteicas com MW de 140, 71, 64 e 30 estavam presentes como novas proteínas.

Os dados também indicaram que a Spirulina cultivada em meios ricos em azoto se caracterizava por ter muitas bandas de proteínas e intensidades relativas elevadas dessas bandas quando comparadas com as das células de Spirulina cultivadas com baixos níveis de azoto. Estes dados estão de acordo com os obtidos por Boussiba e Richmond (1980), que referiram que a concentração de ficobiliproteína aumentava em resultado do aumento do nível de azoto nos meios de cultura de Spirulina, e que o teor de ficobiliproteína diminuía com a diminuição do nível de azoto nos meios, enquanto que os outros não diminuíam. Assim, o teor de ficobiliproteína apresentou uma correlação positiva com a concentração de azoto nos meios. No entanto, pode concluir-se que:

1- As células de Spirulina cultivadas em meio de azoto livre apresentaram algumas bandas proteicas que ocorreram principalmente nas regiões HMW.

2- As células de Spirulina cultivadas sob um nível médio de azoto caracterizaram-se por uma nova banda proteica com MW de 46 kDa, que não foi registada noutras proteínas de Spirulina.

A 3-Spirulina cultivada em meios com um nível de azoto muito baixo apresentou várias bandas de proteínas novas em diferentes regiões MW.

b) Stress salino

A resposta das células de Spirulina platensis ao stress da salinidade foi estudada por Vonshak et al. (1996). Estes autores referiram que as células adaptadas ao sal têm uma composição bioquímica modificada; redução do teor de proteínas e clorofila e aumento do nível de hidratos de carbono.

A alga unicelular Dunaliella desenvolve-se em meios com uma concentração de sal muito elevada, acumulando grandes quantidades de substâncias químicas comercialmente importantes, como o β-caroteno e o glicerol. *A Dunaliella* é cultivada comercialmente em grandes lagos ao ar livre e colhida para produzir farinha de algas secas com elevado teor de β-caroteno e β-caroteno concentrado em óleo de algas. Este produto é utilizado pela indústria alimentar saudável e para a coloração de alimentos, respetivamente. O β-caroteno de algas difere do β-caroteno disponível sinteticamente na sua composição estereoisomérica e pode ser utilizado como produto farmacêutico Ben-Amotz e Avron (1990).

O stress salino provoca um desequilíbrio dos iões celulares, resultando em toxicidade iónica e stress osmótico, levando a um atraso no crescimento, quer diretamente pelo sal, quer indiretamente pelo stress oxidativo induzido por espécies reactivas de oxigénio (ROS). A salinidade pode causar uma acumulação significativa de solutos compatíveis que actuam como produtores de enzimas, estabilizando a estrutura de macromoléculas e organelos (Dahlich et al, 1983). O stress provocado pela salinidade pode alterar as vias metabólicas do(s) organismo(s) stressado(s), levando ao aumento ou à indução de compostos biologicamente activos.

As condições de stress salino não só afectaram o crescimento da alga, o conteúdo de pigmentos, mas também a produção de proteínas e lípidos da alga stressada. A análise de proteínas solúveis (por eletroforese SDS) de S. platensis cultivada sob diferentes concentrações de sal e registada na Fig. (7), revelou que não foram registadas bandas de proteínas de pesos moleculares elevados (190-117) na concentração mais elevada de NaCl utilizada (0,08 M). Enquanto que duas novas bandas proteicas altamente intensas de pesos moleculares, 113, 77, foram registadas apenas com conc. de NaCl mais elevada. Também certas bandas estavam presentes com conc. de sal baixa e moderada (0,02 e 0,04 M) mas ausentes (não detectadas) com conc. mais elevada (0,08 M). Além disso, foram detectadas seis bandas proteicas a uma concentração baixa e/ou moderada de sal, mas as suas intensidades aumentaram muito em condições de stress salino mais elevadas (de M.wts 106, 90, 82, 67, 35 e 30). A ausência de novas bandas de proteínas ou o aumento da intensidade das bandas de 42 e 37 KDa confirmaram os resultados obtidos relativamente à diminuição do total de pigmentos de ficobiliproteínas em condições de stress salino. Os resultados obtidos relativamente à análise de proteínas de S. platensis submetida a stress salino foram comparáveis aos de S. maxima cultivada em condições de stress de azoto (Shalaby 2004). Ambas as espécies de Spirulina apresentam duas novas bandas proteicas específicas de peso molecular 113 e 76, para além de uma banda altamente intensa de peso molecular 103. Foram registados números mais elevados de novas bandas proteicas em S. maxima em diferentes concentrações de azoto e não equivalentes a bandas semelhantes (com o mesmo peso molecular) produzidas por S. platensis em condições de stress de salinidade. Estas diferenças podem ser devidas a processos metabólicos variáveis em ambas as espécies e à disponibilidade de azoto (essencial para a síntese de proteínas) no estudo de S. maxima e presente apenas como constituinte normal do meio em experiências de S. platensis.

CAPÍTULO 2

Metabolitos secundários esperados em células de algas e sua análise qualitativa

1. Compostos fenólicos

Introdução

Os compostos ácidos que contêm apenas carbono, hidrogénio e oxigénio são fenóis, enóis ou ácidos carboxílicos. Os fenóis e os enóis são compostos de acidez intermédia entre a dos ácidos carboxílicos e a dos álcoois. Os álcoois não apresentam propriedades ácidas em meio aquoso, ao passo que os fenóis, os enóis e os ácidos carboxílicos reagem com uma solução aquosa de hidróxido de sódio a 5% e são solúveis nessa solução (com exceção dos fenóis altamente impedidos). Os ácidos e os fenóis podem ser diferenciados com base na insolubilidade dos fenóis em solução aquosa de bicarbonato de sódio a 5% (com exceção de certos fenóis substituídos por vários grupos retiradores de electrões, como o 2,4-dinitrofenol). O pKa dos ácidos é de cerca de 5, enquanto o pKa dos fenóis e enóis é de cerca de 10. Consequentemente, os ácidos pertencem à classe de solubilidade A1 (embora alguns ácidos de baixo peso molecular ou difuncionais pertençam à classe SA), enquanto os fenóis pertencem à classe A2. Não existem bons testes gerais de grupos funcionais para a indicação de um ácido carboxílico. Normalmente, a determinação da classe de solubilidade A1 é suficiente para sugerir um ácido. Os ácidos sulfónicos também podem pertencer à classe A1, mas os ácidos sulfónicos também contêm um átomo de enxofre que deve ser detectado pelos resultados do teste de fusão de sódio. Além disso, certos fenóis substituídos, como o dinitrofenol ou o trinitrofenol, apresentam solubilidade em A1, mas, mais uma vez, estes compostos devem dar um teste positivo para o azoto a partir dos resultados da fusão de sódio. Na ausência de enxofre ou azoto... é provável que tenha um ácido carboxílico.

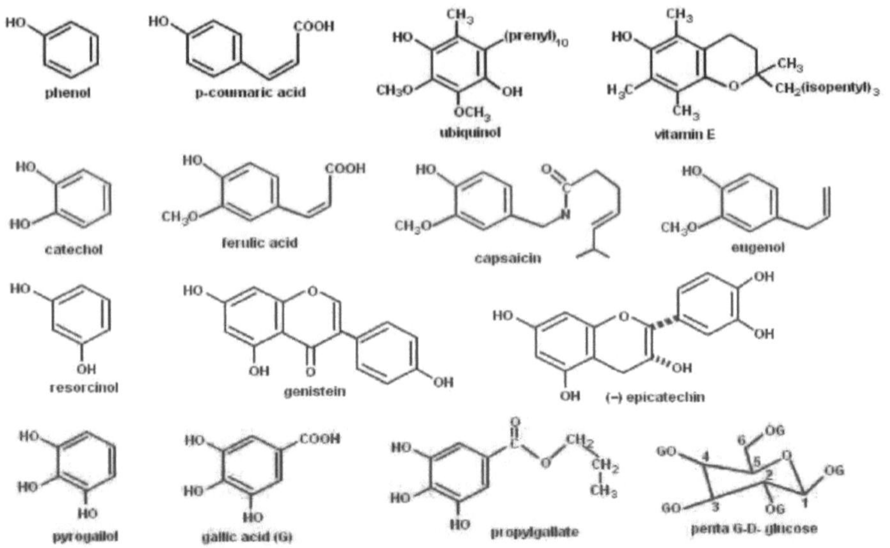

1) **Ensaio de cloreto de ferro (III) para fenóis solúveis em água**

Fenol

Padrão

Fenol

Procedimento (para fenóis solúveis em água)

O teste do cloreto de ferro (III) para fenóis não é totalmente fiável para fenóis ácidos, mas pode ser administrado dissolvendo 15 mg do composto desconhecido em 0,5 mL de água ou mistura de água e álcool e adicionando 1 a 2 gotas de solução aquosa de cloreto de ferro (III) a 1%.

Teste positivo

Uma cor vermelha, azul, verde ou púrpura é um teste positivo.

Limpeza

Uma vez que a quantidade de material é extremamente pequena, a solução de teste pode ser diluída com água e despejada no esgoto.

2) **Teste de cloreto de ferro(III) - piridina para fenóis insolúveis em água**

Fenol

$$3\,ArOH + FeCl_3 \longrightarrow Fe(OAr)_3$$

colored complex

Padrão

Fenol

Procedimento (para fenóis insolúveis em água ou fenóis menos reactivos)

Um teste mais sensível para fenóis consiste em dissolver ou suspender 15 mg da substância desconhecida em 0,5 mL de cloreto de metileno e adicionar 3-5 gotas de uma solução a 1% de cloreto férrico em cloreto de metileno. Adicionar uma gota de piridina e agitar.

Teste positivo (b)

A adição de piridina e a agitação produzirão uma cor se estiverem presentes fenóis ou enóis.

$$C_6H_5OH + FeCl_3 \xrightarrow[CHCl_3]{pyridine} Fe(O-C_6H_5)_3 + C_5H_5NH^{\oplus}\ Cl^{\ominus}$$

triaryloxy complex
intensely colored

3) Teste de bromo na água

Os fenóis reagem rapidamente com a água de bromo para produzir produtos de substituição insolúveis; todas as posições disponíveis orto e para do fenol são bromadas.

A cor do bromo é rapidamente libertada e, eventualmente, o 2,4,6-tribromofenol insolúvel precipitará. Utiliza-se água como solvente em vez de clorofórmio, uma vez que o mecanismo de substituição, algo complexo, se processa através de um intermediário iónico, que é grandemente estabilizado através da solvatação com a água. Esta reação pode ser utilizada como um teste de classificação e como um procedimento de derivatização. Outros compostos aromáticos altamente activados também darão substituição por bromo. Este teste deve ser aplicado com alguma discriminação, uma vez que a anilina e os éteres alcoxi arílicos também reagem rapidamente com a água de bromo para produzir preciptados insolúveis. Os enóis reagem com a água de bromo para formar um produto aldeído ou cetona bromado que também é insolúvel.

OH + Br_2 $\xrightarrow{H_2O}$ OH, Br, Br, Br + 3 HBr

4)) Ensaios de solubilidade

Uma substância é mais solúvel no solvente com o qual está mais intimamente relacionada em termos de estrutura. Esta afirmação serve como um esquema de classificação útil para todas as moléculas orgânicas. As medições de solubilidade são efectuadas à temperatura ambiente com 1 gota de um líquido, ou 5 mg de um sólido (finamente triturado), e 0,2 mL de solvente. A mistura deve ser esfregada com uma vareta de agitação arredondada e agitada vigorosamente. Os membros inferiores de uma série homóloga são facilmente classificados; os membros superiores tornam-se mais parecidos com os hidrocarbonetos dos quais são derivados. Se uma quantidade muito pequena da amostra não se dissolver quando adicionada a uma parte do solvente, pode ser considerada insolúvel; e, inversamente, se várias porções se dissolverem rapidamente numa pequena quantidade do solvente, a substância é obviamente solúvel. Se uma substância desconhecida parece ser mais solúvel em ácido ou base diluídos do que em água, a observação pode ser confirmada por neutralização da solução; o material original precipitará se for menos solúvel num meio neutro. Se estiverem presentes grupos ácidos e básicos, a substância pode ser anfotérica e, portanto, solúvel tanto em ácido como em base. Os ácidos aminocarboxílicos aromáticos são anfotéricos, tal como os alifáticos, mas não existem como zwitteriões. São solúveis em ácido clorídrico diluído e em hidróxido de sódio, mas não em solução de bicarbonato. Os ácidos aminossulfónicos existem como zwitteriões; são solúveis em álcalis mas não em ácido.

2. Taninos

Os taninos são uma mistura de substâncias orgânicas complexas, não nitrogenadas, derivadas do ácido poli-hidroxibenzóico (polifenóis), com capacidade para precipitar proteínas e com elevado peso molecular (500 a > 20000). São substâncias não cristalizáveis, adstringentes, solúveis em água (formando uma solução coloidal), álcalis diluídos, álcool, glicerol e acetona, sendo pouco solúveis em acetato de etilo, clorofórmio e outros solventes orgânicos. As soluções aquosas de taninos são de natureza ácida devido à presença de grupos fenólicos e carboxílicos livres. Precipita metais pesados, alcalóides, glicosídeos e gelatina (proteínas) das soluções. Os taninos combinam-se com as proteínas através de ligações cruzadas que transformam a pele crua dos animais em couro e, quando aplicados em superfícies vivas, tornam as proteínas resistentes às enzimas proteolíticas (propriedade adstringente), o que constitui a base da aplicação terapêutica dos taninos.

Ensaios químicos para taninos: Os taninos apresentam reacções químicas específicas, como a precipitação de gelatina, alcalóides, sais de cobre, chumbo e estanho, etc., numa solução de taninos, e reacções coloridas com $K_2 Cr O_{27}$, ácido crómico e sais de ferro.

1) **Teste com sais de ferro:** Apresenta reação colorida com sais de ferro como $FeCl_3$ e ferrocianeto de potássio $K_4 Fe(CN)_6$ na presença de amoníaco. A adição de uma solução de $FeCl_3$ às soluções de taninos hidrolisáveis forma um precipitado preto azulado, ao passo que, com taninos condensados, forma um precipitado castanho esverdeado.

2) **Teste cutâneo de Goldbeater: A** pele **de Goldbeater** é a membrana preparada a partir do intestino de boi e comporta-se como couro não curtido. Mergulha-se um pequeno pedaço de intestino de boi em HCl diluído a 2%, enxagua-se com água destilada e mergulha-se na solução de ensaio durante alguns minutos, enxagua-se novamente com água destilada e

Transferir para uma solução a 1% de sulfato ferroso. A formação de uma cor preta acastanhada indica a presença de taninos. Este resultado é positivo para todos os taninos verdadeiros, mas negativo para os pseudo-taninos.

3) **Teste de gelatina:** À solução aquosa de gelatina (1% p/v) foi adicionada uma solução de tanino a

0,5-1,0%, a formação de um precipitado de cor amarelada indica a presença de taninos. Os pseudo-taninos também apresentam resultados positivos neste ensaio se o tanino estiver presente em quantidade suficiente.

4) **Teste da fenazona:** Misturou-se o extrato aquoso do fármaco (5 ml) com 0,5 g de fosfato ácido de sódio sólido ($NaHPO_4$), aqueceu-se a solução até à ebulição, arrefeceu-se e filtrou-se. O filtrado foi tratado com uma solução a 2% de fenazona, gota a gota, para formar um precipitado volumoso de todos os taninos.

5) **Teste para a deteção de catequinas (teste do palito de fósforo):** As catequinas formam clorogluecinol quando aquecidas na presença de ácidos e podem ser detectadas por reação com a lenhina, formando uma cor vermelha a magenta. A pasta do medicamento em estudo (tanino) foi aplicada na extremidade posterior de um palito de fósforo e humedecida com HCl conc. A formação de uma coloração lenhosa rosa a magenta ao aquecer perto da chama indica a presença de taninos condensados.

6) **Teste do ácido clorogénico**: Os extractos da droga que contêm ácido clorogénico, quando tratados com amoníaco aquoso, adquirem uma cor verde após exposição ao ar.

7) **Teste da vanilina HCl:** A solução do medicamento em estudo foi misturada com algumas gotas de vanilina HCl. Desenvolvimento de cor-de-rosa na presença de taninos devido à conversão do cloroglucinol da catequina.

8) **Ensaio com água de bromo:** Os taninos condensados precipitam-se na presença de água de bromo.

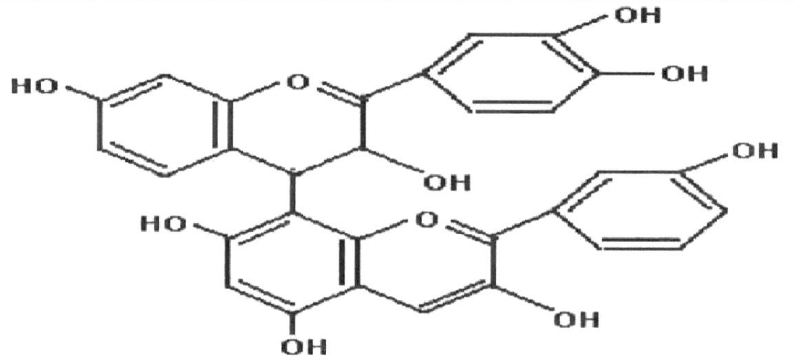

An example of a tannin

3. Flobataninos

Introdução

Os phlobaphenes (ou phlobaphens, CAS No.:71663-19-9) são substâncias fenólicas avermelhadas, solúveis em álcool e insolúveis em água. Podem ser extraídos de plantas ou resultar do tratamento de extractos de taninos com ácidos minerais (vermelho de curtidor). O nome *phlobaphen* vem das raízes gregas φλοιός (*phloios*) que significa casca e βαφή (*baphe*) que significa corante. Atualmente, não foram comunicadas quaisquer actividades biológicas para os flobaftenos. Os phlobaphenes dos frutos do espinheiro (*Fructus Crataegi*) podem ter uma ação específica na circulação coronária. São convertidos em huminas nos solos

1) A fração aquosa do extrato metanólico de cada planta foi fervida com ácido clorídrico aquoso a 1%, resultando na formação de um precipitado vermelho, indicando assim a evidência da presença de phlobattanins

4. Saponinas

Introdução

As saponinas são uma classe de compostos químicos, um dos muitos metabolitos secundários encontrados em fontes naturais, sendo as saponinas encontradas em especial abundância em várias espécies de plantas. Mais especificamente, são glicosídeos anfipáticos agrupados, em termos de fenomenologia, pela formação de espuma semelhante a sabão que produzem quando agitados em soluções aquosas e, em termos de estrutura, pela sua composição de uma ou mais partes glicosídicas hidrofílicas combinadas com um derivado triterpénico lipofílico.

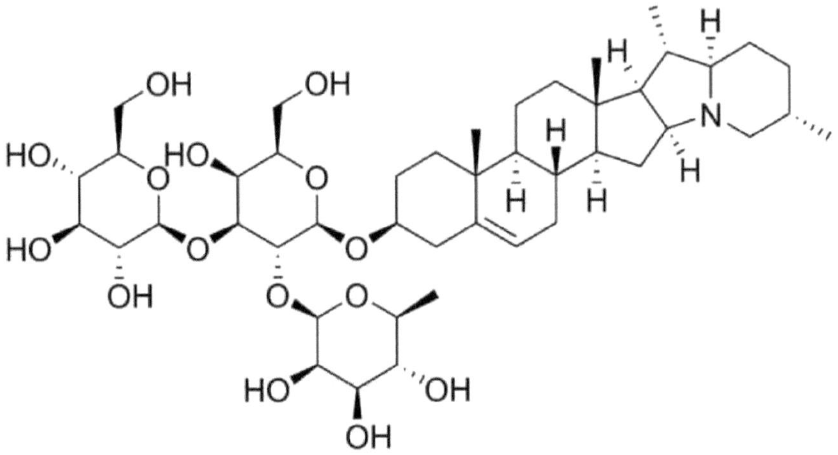

1) 0,5 g do extrato metanólico da planta foi dissolvido em água a ferver num tubo de ensaio. Os extractos aquosos de arrefecimento do teste foram misturados vigorosamente até à formação de espuma e a altura da espuma foi medida para determinar o conteúdo de saponina na amostra. 2,0 g do material vegetal em pó foram fervidos em água destilada num tubo de ensaio em banho-maria fervente e filtrados. 10 ml do filtrado foram misturados com 5 ml de água destilada e agitados vigorosamente até à formação de uma espuma estável e persistente. A espuma foi misturada com 3 gotas de azeite e agitada vigorosamente para a formação de uma emulsão, o que é caraterístico das saponinas.

5. Antraquinonas

Introdução

A antraquinona, também designada por **antracenediona** ou **dioxoantraceno**, é um composto orgânico aromático de fórmula C14H8O2. São possíveis vários isómeros, cada um dos quais pode ser visto como um derivado da quinona. No entanto, o termo antraquinona refere-se quase invariavelmente a um isómero específico, a **9,10-antraquinona** (IUPAC: 9,10-dioxoantraceno), em que os grupos ceto estão localizados no anel central. É um elemento constituinte de muitos corantes e é utilizado no branqueamento de pasta para fabrico de papel. Trata-se de um sólido amarelo altamente cristalino, pouco solúvel em água, mas solúvel em solventes orgânicos quentes. Por exemplo, é quase completamente insolúvel em etanol à temperatura ambiente, mas 2,25 g dissolvem-se em 100 g de etanol em ebulição.

1) 1,0 g de extrato metanólico da planta foi fervido em 6 ml de HCl a 1% e filtrado. O filtrado foi agitado com 5 ml de benzeno e a camada de benzeno foi removida. Adicionou-se NH4 OH a 10% e observou-se a cor da fase alcalina. A formação de cor rosa/violeta ou vermelha indica a presença de antraquinonas.

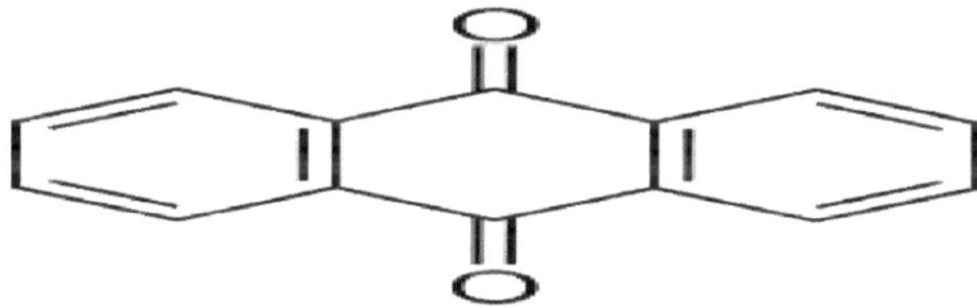

6. Cumarinas

Introdução

A cumarina (/'ku:mgnn/; 2H-cromen-2-ona) é um composto químico orgânico perfumado da classe das benzopironas, que é uma substância cristalina incolor no seu estado normal. É uma substância natural que se encontra em muitas plantas.

O nome deriva de um termo francês que designa a fava tonka, *coumarou,* uma das fontes de onde a substância foi isolada pela primeira vez como produto natural em 1820. Tem um odor doce, facilmente reconhecido como o cheiro do feno recém-cortado, e é utilizado em perfumes desde 1882.

A pícea doce, a erva doce e o trevo doce, em particular, são designados pelo seu cheiro doce, que por sua vez se deve ao seu elevado teor desta substância. Quando ocorre em concentrações elevadas nas plantas forrageiras, a cumarina é um inibidor de apetite de sabor algo amargo, e presume-se que seja produzida pelas plantas como uma substância química de defesa para desencorajar a predação.

1) Colocou-se 0,5 g do extrato metanólico da planta humedecido num tubo de ensaio. A boca do tubo foi coberta com papel de filtro tratado com solução 1 N de NaOH. O tubo de ensaio foi colocado durante alguns minutos em água a ferver e, em seguida, o papel de filtro foi retirado e examinado à luz UV para detetar a fluorescência amarela que indica a presença de cumarinas.

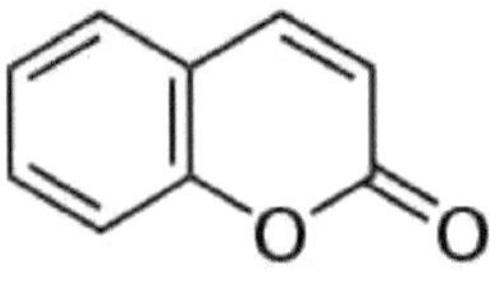

O O

7. Alcalóides:

Introdução

Os alcalóides são compostos orgânicos de natureza básica, por isso denominados alcalóides ou alcalóides alcalinos, e têm um ou dois átomos de azoto no núcleo ou fora do núcleo. Os alcalóides são geralmente derivados de aminoácidos e apresentam uma ação farmacológica proeminente em pequenas doses. A maioria dos alcalóides são sólidos alcalinos, como a quinidina, a emetina e a atropina. Alguns alcalóides encontram-se na forma líquida, como a coniina, a nicotina, etc. Estes são incolores, mas alguns deles são coloridos, como a berberina (amarela) e a betaína (vermelha). Os alcalóides contêm carbono, hidrogénio, um ou mais azoto, geralmente oxigénio e, por vezes, enxofre. São opticamente activos, sendo a forma laevorotatória farmacologicamente mais ativa do que a dextrorotatória. Os alcalóides têm um sabor amargo e estão disponíveis na forma

A morfina e a colchicina são solúveis em água, enquanto a cafeína e a colchicina são solúveis em água. As bases livres dos alcalóides são insolúveis em água e solúveis em solventes orgânicos como o clorofórmio, o éter, etc. (a cafeína e a colchicina são solúveis em água), ao passo que os sais alcalóides e os alcalóides quaternários são muito solúveis em água, mas insolúveis em solventes orgânicos (a lobelina HCl é solúvel em $CHCl_3$, o sulfato de quinino é pouco solúvel em água). Os alcalóides, no seu sentido mais lato, podem ter um átomo de azoto primário (por exemplo, mascalina), secundário (por exemplo, efedrina), terciário (por exemplo, atropina) e quaternário (por exemplo, tubocurarina).

Teste químico para alcalóides: Os testes químicos são efectuados a partir de uma solução neutra ou ligeiramente ácida do fármaco. Os seguintes tipos de testes químicos para alcalóides são

1) Teste **de Dragendorff**: Solução de fármaco + reagente de gotas de Dragen (Iodeto de Bismuto e Potássio), formação de cor vermelha alaranjada.

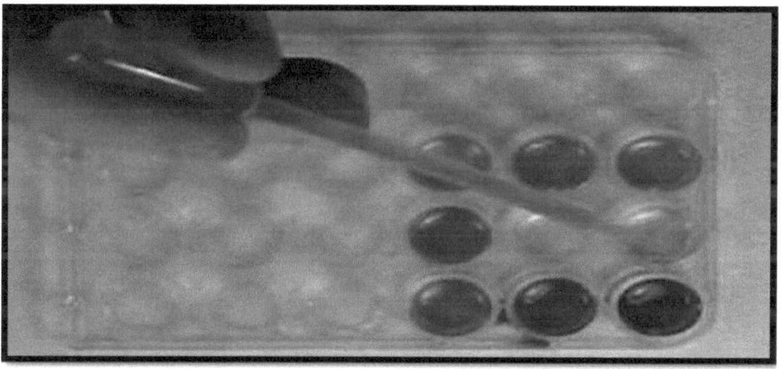

2) **Teste de Mayer:** Solução de fármaco + algumas gotas de reagente de Mayer (K2HgI4), formação de um precipitante branco-creme.

3) **Teste de Hager:** Solução do fármaco + algumas gotas do reagente de Hagers (solução aq. saturada de ácido pícrico), formação de um precipitado amarelo cristalino.

4) **Teste de Wagner:** Solução de fármaco + algumas gotas de reagente de Wagner (solução diluída de iodo), formação de um precipitado castanho-avermelhado.

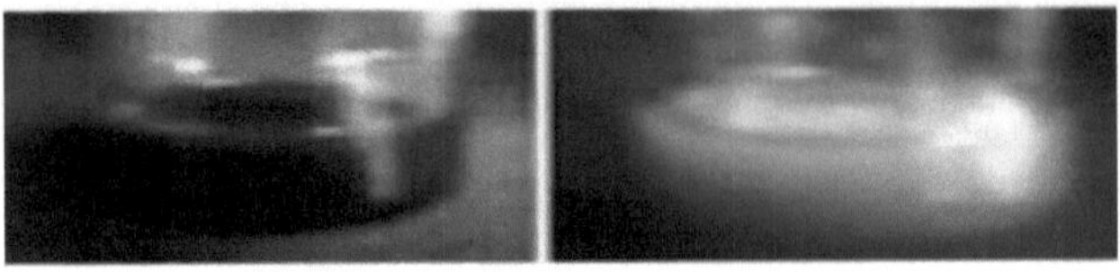

Resultado positivo (esquerda) e negativo (direita)

5) **Teste do ácido tânico:** Solução do fármaco + algumas gotas de solução de ácido tânico, formação de um precipitado de cor amarela.

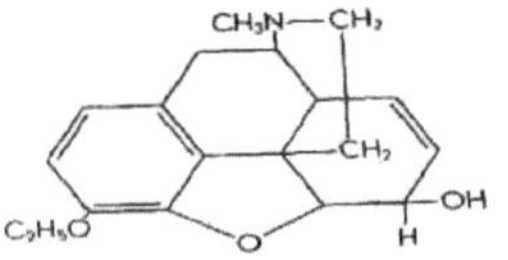

(III-1) — *Dionine* 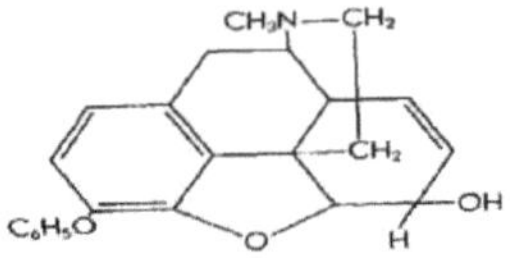 (III-2) — *Peronine* 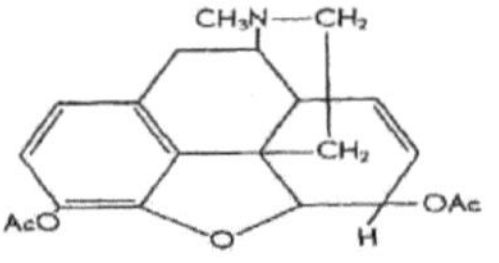 (III-3) — *Diacétylmorphine*

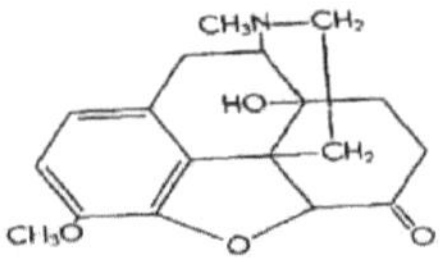

(III-4) — *Eucodal* 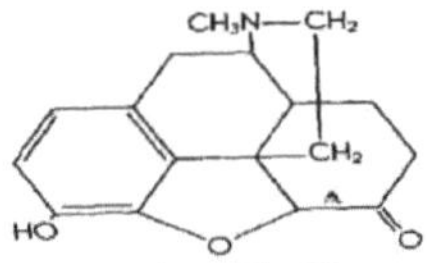 (III-5) — *Dilandid* 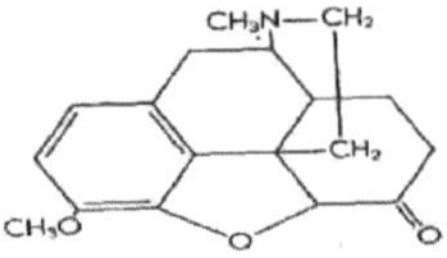 (III-6) — *Dicodide*

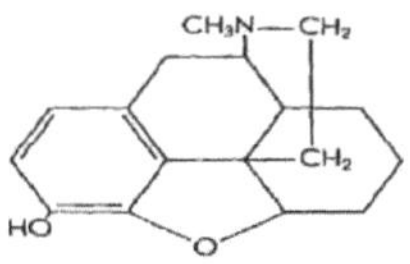

(III-7) — *Desomorphine* 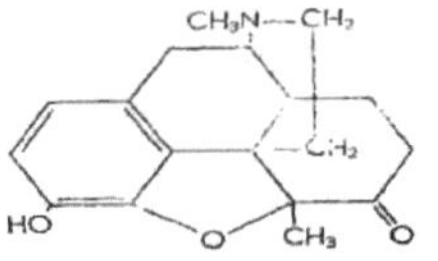 (III-8) — *Metopon* 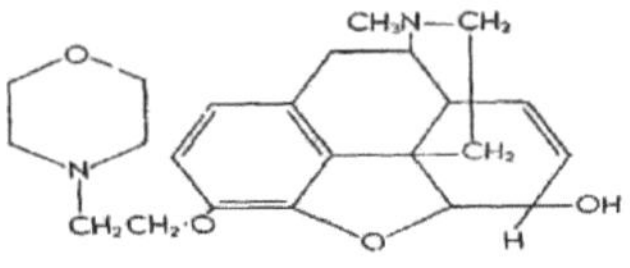 (III-9) — *Pholcodine*

Preparação do reagente de Maeyer:

Dissolvem-se 0,355 g de cloreto de mercúrio em 60 ml de água destilada. Dissolveu-se 5,0 g de iodeto de potássio em 20 ml de água destilada. Misturam-se as duas soluções e aumenta-se o volume para 100 ml com água destilada.

Preparação do reagente de Dragendorff:

Solução A: 1,7 g de nitrato básico de bismuto e 20 g de ácido tartárico foram dissolvidos em 80 ml de água destilada.

Solução B: Dissolveram-se 16 g de iodeto de potássio em 40 ml de água destilada.

Ambas as soluções (A e B) foram misturadas na proporção de 1:1.

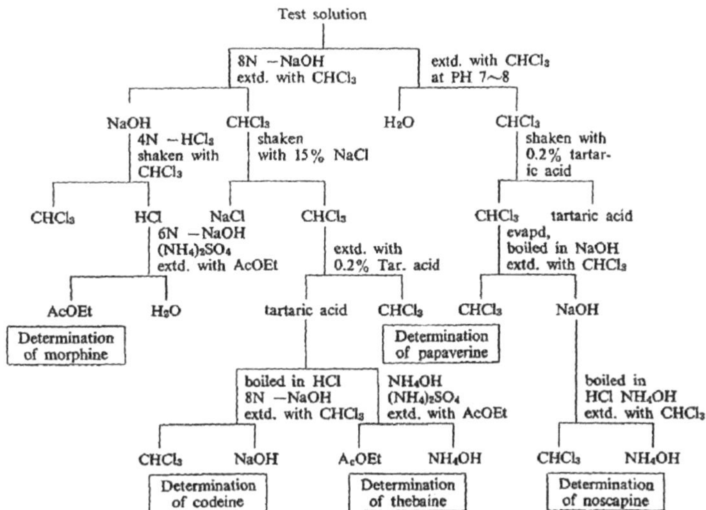

8. Terpenóides

Trata-se de hidrocarbonetos de origem vegetal e dos seus derivados oxigenados, hidrogenados e desidrogenados com a fórmula geral (C H_{58})n. São blocos de construção de unidades de isopreno (2-metil-buta 1, 3 dieno, C H_{58}) (Fig. 6), unidos entre si cabeça a cauda. Os terpenóides são compostos incolores, mais leves do que a água e com um ponto de ebulição de 150-180 °C. São líquidos opticamente activos (poucos terpenóides são sólidos), insolúveis em água mas solúveis em solventes orgânicos. O termo terpeno tem origem na mistura de hidrocarbonetos isoméricos de fórmula molecular C H_{1016} presente no óleo de terebintina. Ora, os terpenos limitam-se apenas a uma classe de compostos de terpenóides que é o hidrocarboneto monoterpeno de fórmula molecular (C5H8)2, enquanto os terpenóides representam hidrocarbonetos e os seus derivados oxigenados, pelo que se pode afirmar que todos os terpenos são terpenóides, mas não vice-versa.

1) A 2 ml de solução de teste, adicionaram-se pedaços de estanho e 2 gotas de cloreto de tionilo. O resultado do teste foi observado.

2) 0,5 g de extrato metanólico da planta foram agitados com éter de petróleo para remover o material corante. O resíduo foi extraído com 10 ml de clorofórmio e a camada de clorofórmio foi seca sobre sulfato de sódio anidro. Misturar 5 ml da camada de clorofórmio com 0,25 ml de anidrido acético e adicionar duas gotas de ácido sulfúrico concentrado. Foram observadas cores diferentes para indicar a presença de esteróis ou terpenos. A cor verde indica a presença de esteróis, ao passo que a cor rosa a púrpura indica a presença de terpenos e triterpenos

3) Misturaram-se 5 ml de cada extrato de planta em 2 ml de clorofórmio, seguindo-se a adição cuidadosa de 3 ml de H2SO4 concentrado. Formou-se uma camada de coloração castanha avermelhada na interface, indicando assim um resultado positivo para a presença de terpenóides.

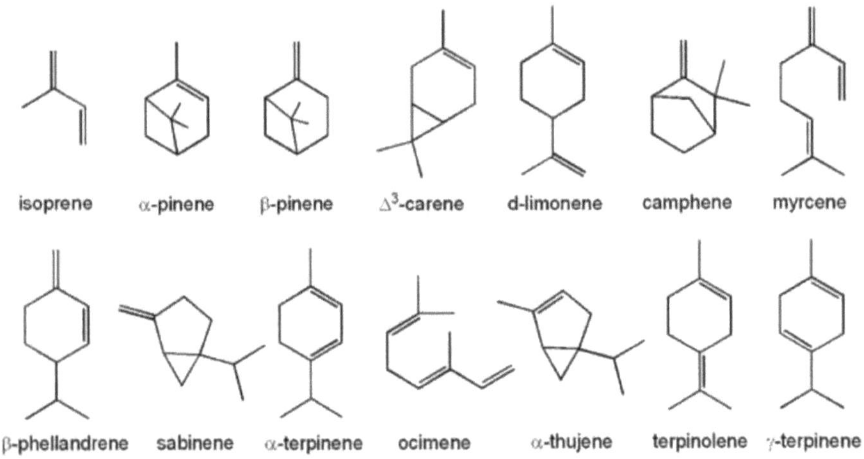

isoprene α-pinene β-pinene Δ^3-carene d-limonene camphene myrcene

β-phellandrene sabinene α-terpinene ocimene α-thujene terpinolene γ-terpinene

Testes químicos para óleos voláteis (di e sesquiterpenos): As drogas naturais que contêm óleos voláteis podem ser testadas através dos seguintes testes químicos:

1) A secção fina da droga após tratamento com solução alcoólica de Sudan III desenvolve cor vermelha na presença de óleos voláteis.

2) Uma secção fina da droga é tratada com tintura de alcana, que produz uma cor vermelha que indica a presença de óleos voláteis em drogas naturais.

9. Resinas

Introdução

As resinas são misturas amorfas de óleos essenciais, produtos oxigenados de terpenos e ácidos carboxílicos, obtidas como exsudados de plantas e consideradas como produto final do metabolismo. Trata-se de produtos amorfos sólidos ou semi-sólidos de natureza química complexa, geralmente insolúveis em água mas solúveis em solventes orgânicos como o álcool, óleos voláteis, óleos fixos, benzeno e éter.

As resinas são pouco definidas do ponto de vista químico, mas estão mais relacionadas entre si nas suas propriedades físicas e na sua aparência. Geralmente, trata-se de misturas complexas de vários compostos, mas as unidades de isopreno ($C\ H_{58}$) são os blocos de construção fundamentais de todas as resinas verdadeiras. Trata-se de massas translúcidas não cristalizáveis, que amolecem e derretem com o aquecimento, ardem com chamas fumegantes aquando da ignição, são mais pesadas do que a água e contêm um grande número de átomos de carbono. A película fina de resina, ao secar, torna-se dura e transparente, não sendo afetada pela humidade e pelo ar. Encontram-se geralmente em combinação homogénea com outros metabolitos de plantas e, por conseguinte, são conhecidos coletivamente como combinações de resinas.

Ensaios químicos de resinas:

1) Teste de solubilidade: As resinas são insolúveis em água, raramente solúveis em petróleo leve (exceto Colophony e Dammar), solúveis em álcool, éter, acetona, clorofórmio, óleos fixos e óleos voláteis, etc.

2) Teste de turvação: A droga resinosa foi extraída com álcool e adiciona-se água em excesso para formar turvação, pois estas são insolúveis em soluções aquosas.

3) Teste de HCl: Um grama de droga foi extraído com alguns ml de acetona e foram adicionados 3 ml de HCl diluído. A formação de cor-de-rosa após aquecimento da solução em banho-maria durante

30 minutos indica a presença de resinas.

4) **Teste $FeCl_3$:** Algumas gotas de solução de $FeCl_3$ foram adicionadas ao extrato alcoólico da droga.

A formação de uma cor azul esverdeada indica a presença de resinas.

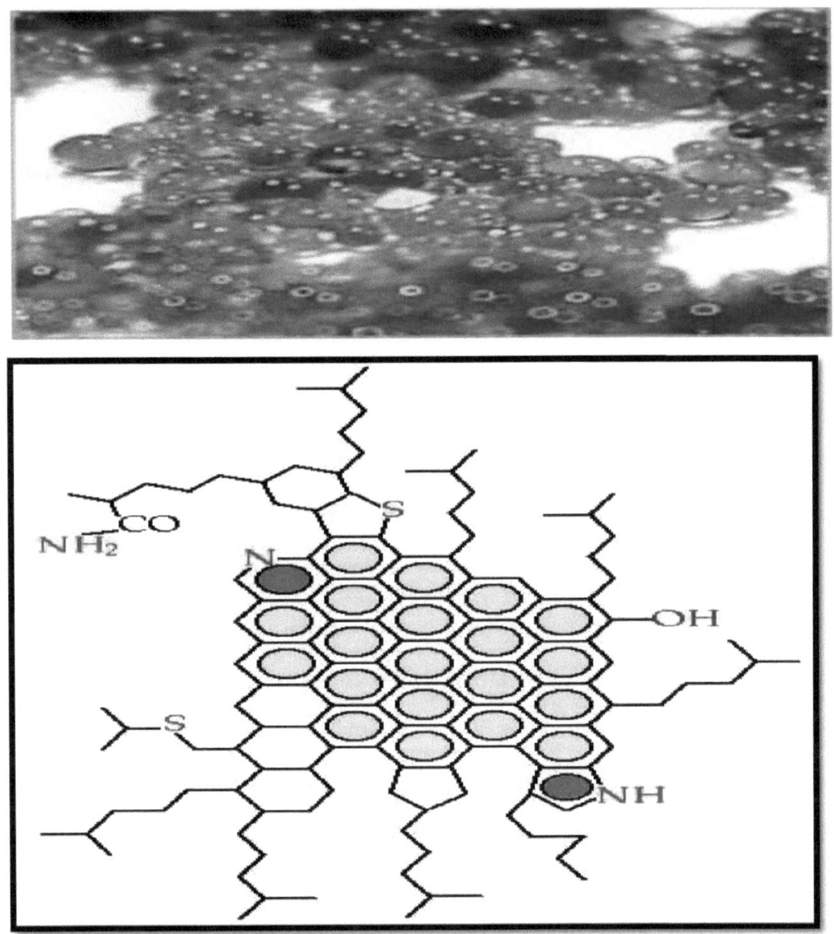

10. Flavonóides

Introdução

Os flavonóides (ou **bioflavonóides**) (da palavra latina *flavus* que significa amarelo, a sua cor na natureza) são uma classe de metabolitos secundários das plantas. Os flavonóides foram referidos como vitamina P (provavelmente devido ao efeito que tinham na permeabilidade dos capilares vasculares) entre meados da década de 1930 e o início da década de 50, mas o termo caiu em desuso desde então.

1) 0,5 g do extrato metanólico da planta foi agitado com éter de petróleo para remover os materiais gordos (camada lipídica). O resíduo desengordurado foi dissolvido em 20 ml de etanol a 80% e filtrado. O filtrado foi utilizado para os testes seguintes:

2) Num tubo de ensaio, misturaram-se 3 ml do filtrado com 4 ml de cloreto de alumínio a 1% em metanol e observou-se a cor. A formação de cor amarela indica a presença de flavonóis, flavonas e chalconas.

3) Misturaram-se 3 ml do filtrado com 4 ml de hidróxido de potássio a 1% num tubo de ensaio e observou-se a cor. Uma cor amarela escura indica a presença de flavonóides (Sofowara, 1993; Harborne, 1973).

4) Adicionaram-se 5 ml da solução diluída de amoníaco à porção do filtrado aquoso de cada extrato de planta, seguindo-se a adição de H2SO4 concentrado

. O aparecimento da coloração amarela indicava a presença de flavonóides.

5) Adicionaram-se algumas gotas de solução de alumínio a 1% a uma porção de cada filtrado e observou-se uma coloração amarela, indicando assim a presença de flavonóides.

6) Uma porção de planta em pó em cada caso foi aquecida com 10 ml de acetato de etilo num tubo de ensaio num banho de vapor durante 3 minutos. A mistura foi filtrada e 4 ml do filtrado foram agitados

com 1 ml de solução diluída de amoníaco. Observou-se uma coloração amarela, o que indica a presença de flavonóides.

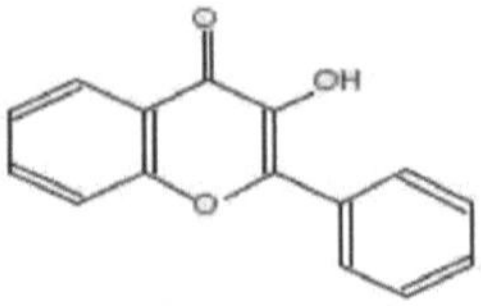

Flavonol 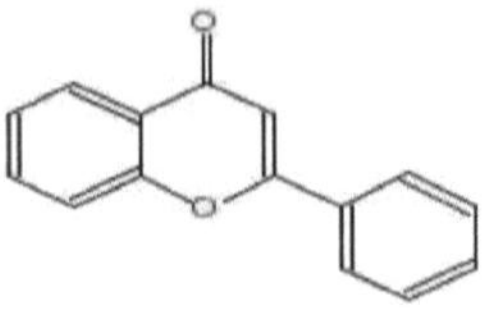 Flavone 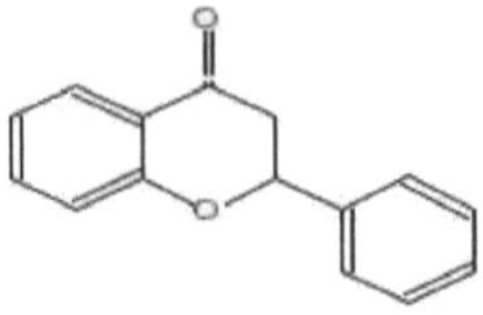 Flavanone

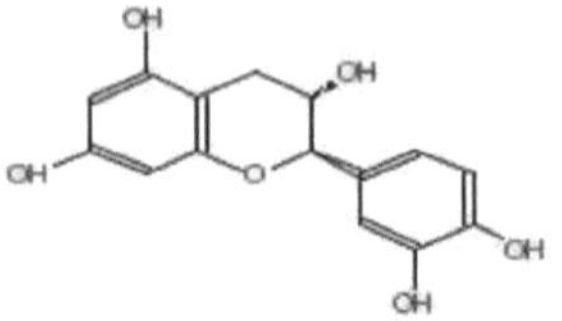

Flavanol (Catechins) 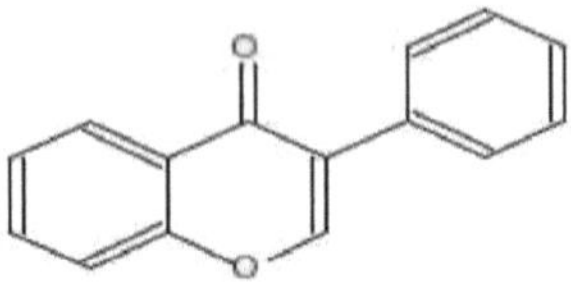 Isoflavone 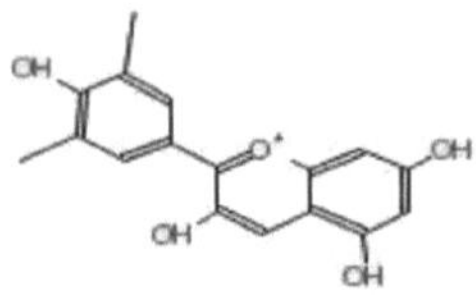 Anthocyanidine

11. Glicosídeos

Introdução

Na natureza, os glicosídeos são formados pela interação de glicosídeos de nucleótidos, como o fosfato de uridina e a glucose, com álcool, fenol, esteroide, triterpenóide e flavonóides, etc., e unidos por ligações glicosídicas.

Trata-se de substâncias orgânicas não redutoras (não reduzem a solução de Fehling) que, por hidrólise, produzem uma ou mais moléculas de açúcar juntamente com moléculas não açucaradas. A molécula de açúcar é denominada glicona e a molécula não açucarada é denominada parte aglicona. Os açúcares são hemiacetais e apresentam-se sob a forma de anéis de óxido. Os glicosídeos podem ser definidos como o produto da condensação do grupo hidroxilo do aglicona e do grupo hidroxilo hemiacetal do açúcar. O aglicona pode ser qualquer composto que contenha pelo menos um grupo hidroxilo ao qual se junta o grupo hidroxilo do açúcar do glicosídeo.

Os glicosídeos são substâncias sólidas incolores, cristalinas ou amorfas (os flavonóides são amarelos, enquanto os glicosídeos antracénicos são vermelhos a laranja), geralmente de natureza venenosa. São solúveis em água e álcool, mas insolúveis em éter e clorofórmio, opticamente activos, geralmente levorotatórios.

Classificação dos glicosídeos: Os glicosídeos são geralmente classificados de duas maneiras:

A. Com base na ligação glicosídica

1. O - glicosídeos: A molécula de açúcar combina-se com o fenol ou o grupo OH do aglicona. Por exemplo, amígdalina, indesina, arbutina, salicina, glicosídeos cardíacos, glicosídeos de antraxquinona como os sennosídeos, etc.

2. N - glicosídeos: A molécula de açúcar é combinada com o N do -NH (grupo amino) do aglicona. ex.: Neucleósidos

3. S - glicosídeos: A molécula de açúcar é combinada com o grupo S ou SH (grupo tiol) do aglicona, por exemplo, Sinigrine

4. C - glicosídeos: A molécula de açúcar está diretamente ligada ao átomo de C da aglicona. Por exemplo, glicosídeos de antraquinona como a aloína, a barbaloína, o cascarosídeo e os glicosídeos de flavano, etc.

Extração e isolamento de glicosídeos:

1. A droga em pó foi extraída com álcool num extrator de soxhlet.

2. O extrato alcoólico foi depois tratado com uma solução de acetato de chumbo para precipitar os taninos, as proteínas, os corantes e outras partes não glicosídicas

3. O precipitado formado foi filtrado e no filtrado foi passado gás $H_2 S$ para precipitar o excesso de chumbo como sulfureto de chumbo e removido por filtração.

4. O filtrado foi evaporado até à secura num banho de água e o resíduo seco foi recolhido e pesado para obter o teor total de glicosídeos.

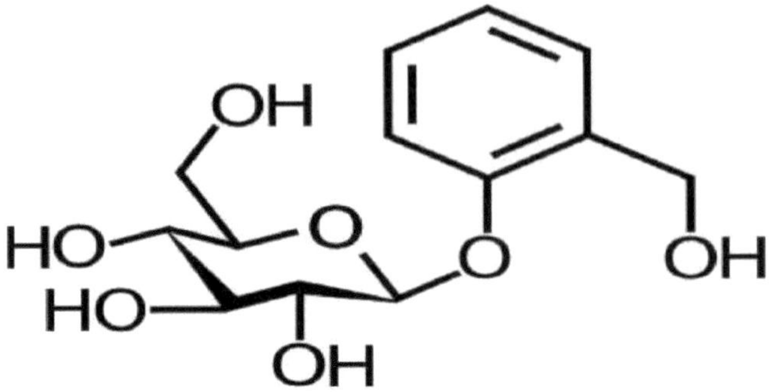

1) **Ensaios químicos para deteção de glicosídeos de antraquinona**

a. **Teste de Borntragor:** A 1 g de droga, adicionar 5-10 ml de HCl diluído, ferver em banho-maria durante 10 minutos e filtrar. O filtrado foi extraído com CCl_4 /benzeno e adicionar igual quantidade de solução de amoníaco ao filtrado e agitar. A formação de cor rosa ou vermelha na camada amoniacal deve-se à presença da parte antraquinona.

b. **Teste de Borntragor modificado:** A 1 g de droga adicionar 5 ml de HCl diluído seguido de 5 ml de cloreto férrico (5% p/v). Ferver durante 10 minutos em banho-maria, arrefecer e filtrar, o filtrado foi extraído com tetracloreto de carbono ou benzeno e adicionar igual volume de solução de amoníaco, formando uma cor rosa a vermelha devido à presença de uma porção de antraquinona. Este é o tipo C dos glicosídeos de antraquinona.

2) **Testes químicos para a deteção de glicosídeos saponínicos**

a. Teste de hemólise: Uma gota de sangue em lâmina foi misturada com algumas gotas de solução de saponina aq. **As hemácias rompem-se na presença de saponinas.**

b. Teste de espuma: A 1 g de medicamento adicionar 10-20 ml de água, agitar durante alguns minutos, formando espuma que persiste durante 60-120 segundos na presença de saponinas.

3) **Ensaios químicos para deteção de glicósidos de esteróides e triterpenóides**

a. Teste de Libermann Bruchard: O extrato alcoólico do fármaco foi evaporado até à secura e extraído com $CHCl_3$, adicionando algumas gotas de anidrido acético seguidas de H_2SO_4 conc. da parede lateral do tubo de ensaio ao extrato $CHCl_3$. A formação de um anel de cor violeta a azul na junção dos dois líquidos indica a presença de uma fração esteroide.

b. Teste de Salkovaski: O extrato alcoólico do fármaco foi evaporado até à secura e extraído com $CHCl_3$, adicionar H_2SO_4 conc. da parede lateral do tubo de ensaio ao extrato de $CHCl_3$. A formação de um anel de cor amarela na junção dos dois líquidos, que se torna vermelho após 2 minutos, indica a presença de uma fração esteroide.

c. Teste do tricloreto de antimónio: O extrato alcoólico do fármaco foi evaporado até à secura e extraído com $CHCl_3$, adicionando uma solução saturada de $SbCl_3$ em $CHCl_3$ com 20% de anidrido acético. A formação de uma cor cor-de-rosa no aquecimento indica a presença de esteróides e triterpenóides. .

d. Ensaio do ácido tricloroacético: Os triterpenos, quando adicionados a uma solução saturada de ácido tricloroacético, formam um precipitado colorido.

e. Teste do tetranitro metano: Forma cor amarela com esteróides insaturados e triterpenos.

f. Teste de Zimmermann: **Adicionou-se uma solução de metadinitrobenzeno à solução alcoólica do fármaco contendo álcali; ao aquecer, forma uma cor violeta na presença de cetoesteróide.**

4) Testes químicos para os glicosídeos cardíacos

a. Teste de Keller Killiani: Ao extrato alcoólico da droga foi adicionado um volume igual de água e 0,5 ml de uma solução forte de acetato de chumbo, agitado e filtrado. O filtrado foi extraído com igual volume de clorofórmio. O extrato de clorofórmio foi evaporado até à secura e o resíduo foi dissolvido em 3 ml de ácido acético glacial, seguido da adição de algumas gotas de solução de $FeCl_3$. A solução resultante foi transferida para um tubo de ensaio contendo 2 ml de H_2SO_4 conc. Forma-se uma camada castanha avermelhada, que se torna verde-azulada após repouso devido à presença de digitoxose.

b. Teste legal: Ao extrato alcoólico da droga foi adicionado um volume igual de água e 0,5 ml de uma solução forte de acetato de chumbo, agitada e filtrada. O filtrado foi extraído com igual volume de clorofórmio e o extrato clorofórmico foi evaporado até à secura. Dissolveu-se o resíduo em 2 ml de piridina e adicionou-se 2 ml de nitroprussiato de sódio, seguido de adição de solução de NaOH para o tornar alcalino. Formação de cor-de-rosa na presença de glicosídeos ou de uma fração aglicona.

c. **Teste de Baljet:** A secção espessa da folha de digitálicos ou a parte da droga que contém glicosídeo cardíaco, quando mergulhada em solução de picrato de sódio, forma uma cor amarela a laranja na presença de agliconas ou glicosídeos.

d. Teste do ácido 3,5-dinitro-benzoico: **À solução alcoólica do fármaco foram adicionadas algumas gotas de NaOH seguidas de uma solução a 2% de ácido 3,5-dinitro-benzoico. A formação de cor-de-rosa indica a presença de glicosídeos cardíacos.**

5) Análises químicas dos glicosídeos cumarínicos

a. Teste de $FeCl_3$: Ao extrato alcoólico concentrado da droga foram adicionadas algumas gotas de solução alcoólica de $FeCl_3$. A formação de uma cor verde profunda, que se torna amarela com a adição de HNO conc.$_3$, indica a presença de cumarinas.

b. Teste de fluorescência: O extrato alcoólico da droga foi misturado com solução de NaOH 1N (um ml de cada). O desenvolvimento de fluorescência azul-verde indica a presença de cumarinas.

6) Análises químicas do glicosídeo cinofórico

a. Ensaio do picrato de sódio:

Introduziu-se a droga em pó humedecida com água num frasco cónico e adicionaram-se algumas gotas de ácido sulfúrico concentrado. O papel de filtro impregnado com uma solução de picrato de sódio, seguida de uma solução de carbonato de sódio, foi fixado no gargalo do frasco com uma rolha. Formação de cor vermelho-tijolo devido ao HCN volátil na presença de glicosídeos cinóforos.

7) Ensaios químicos para deteção de glicosídeos flavonóides

a. **Teste de amoníaco:**

O papel de filtro mergulhado na solução alcoólica da droga foi exposto ao vapor de amoníaco. Formação de uma mancha amarela no papel de filtro.

b. **Teste Shinoda:**

i. Ao extrato alcoólico do fármaco foi adicionado magnésio e dil. HCl diluído, a formação de cor vermelha indica a presença de flavonóides.

ii. Ao extrato alcoólico do fármaco foi adicionado Zinc turning e dil. HCl, a formação de uma cor vermelha profunda a magenta indica a presença de dihidro flavonóides.

c. Teste da vanilina HCl: Adicionou-se vanilina HCl à solução alcoólica do fármaco, formando-se uma cor rosa devido à presença de flavonóides.

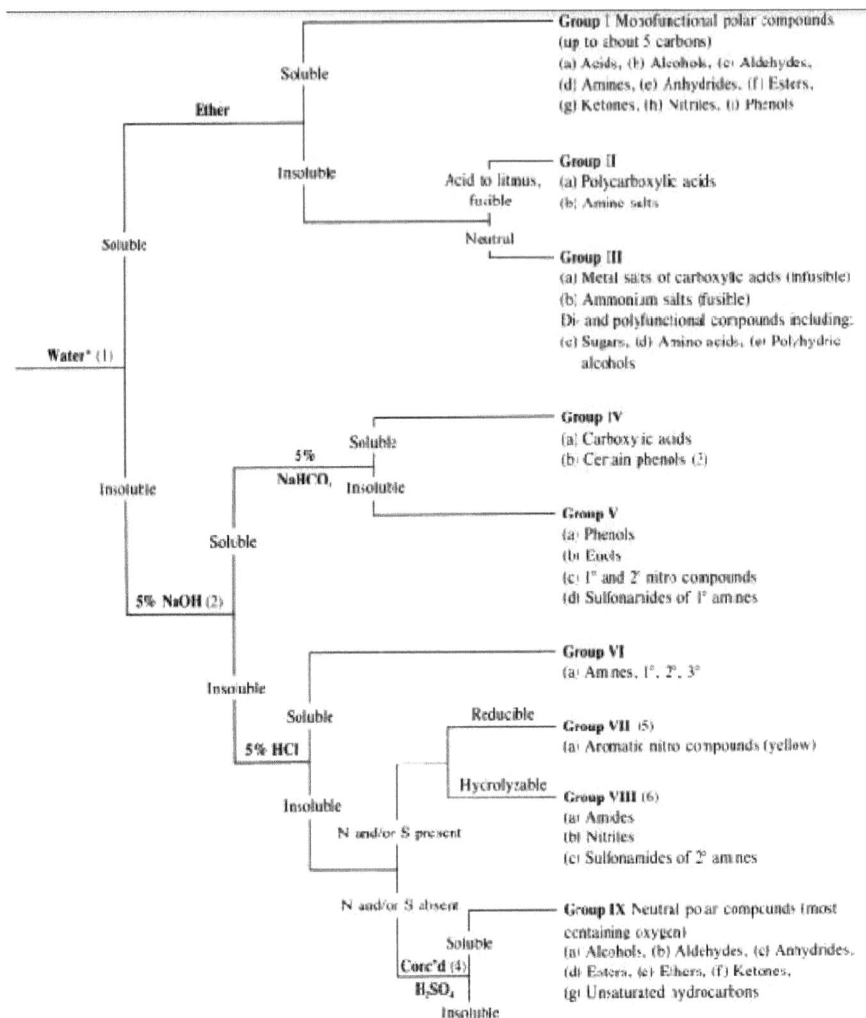

Classificação da solubilidade dos compostos orgânicos

Resumo das actividades biológicas específicas dos metabolitos secundários das algas

Tabela 1. Compostos bioquímicos relatados de diferentes espécies de algas como atividade antioxidante

Algal species	Cpd No.	Name of reported compound	Structure	References
Taonia atomaria (Brown algae)	1	taondiol	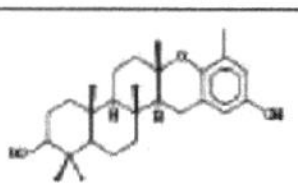	Nahas *et al.* (2006)
	2	isoepitaondiol	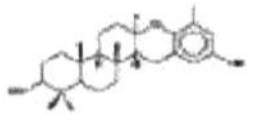	
	3	stypodiol	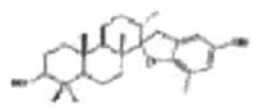	
	4	stypoldione	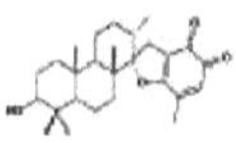	
	5	sargaquinone	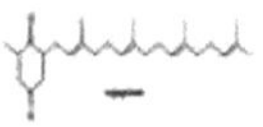	
	6	sargaol		
Salvia plebeia	7	ß-Sitosterol	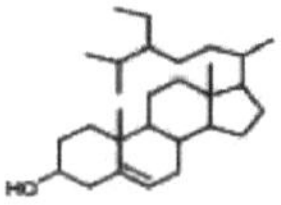	Weng and Wang. (2000)
P. siliquosa (Brown algae)	8	Fucosterol	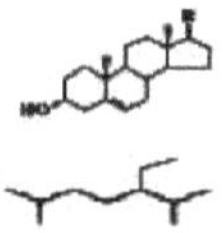	Lee-SangHyun *et al.* (2003)
Cystoseira sp	9	tetraprenyltoluquinols	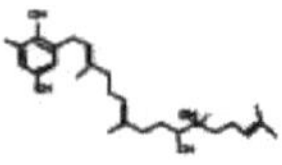	Ruberto *et al.* (2001)

Tabela 2. Compostos bioquímicos relatados de diferentes espécies de algas com atividade anticancerígena

Species	Cpd No.	Name of reported compound	Structure	References
Sea urchin intestine	10	3-sulfonoquinovosyl-1-monoacylglycerol	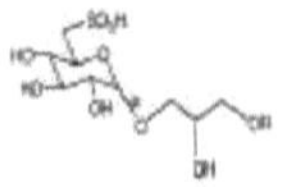	Sahara *et al.* (2002)
Scytosiphon sp	11	3.4-dibromo-5-(ethoxymethyl) 1,2-benzenediol	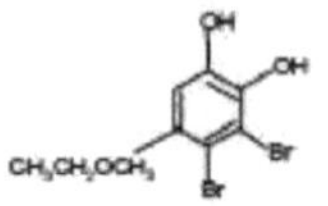	Xu *et al.* (2004)
	12	2.3-dibromo-4,5dihydroxy-benzaldehyde	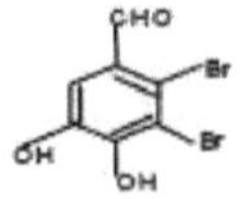	
	13	Fucosterol	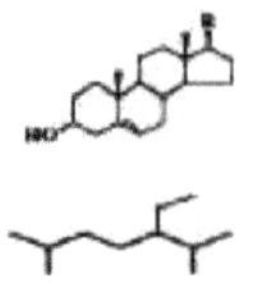	
Poteriochromomas sp	14	Malhamensilipin A (IC_{50}= 35μM)	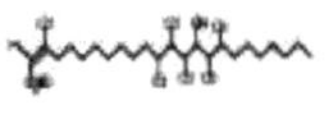	Gerwick *et al.* (1994)
Palmaria palmata	15	Palythinol	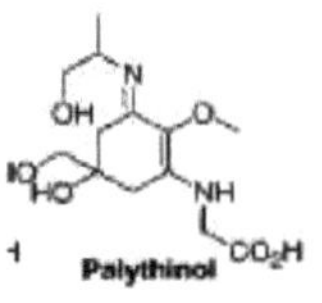 Palythinol	

Tabela 3. Compostos bioquímicos relatados de diferentes espécies de algas com atividade antiviral

Species	Cpd No.	Name of reported compound	Structure	References
Red alga	17	K-Carragenan		Gonzalez *et al.* (1987)
Dictyota menstrualis	18	(6R)-6-hydroxydichotoma-3,14-diene-1,17-dial, named Da-1	R = OH 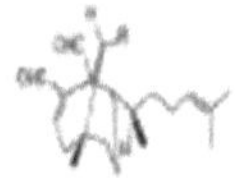	Pereira *et al.* (2004)
	19	(6R)-6-acetoxidichotoma-3, 14-diene-1,17-dial, named AcDa-1.	R = OAc 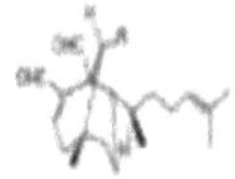	

Tabela 4. Compostos bioquímicos relatados de diferentes espécies de algas como efeito citotóxico

Species	Cpd No.	Name of reported compound	Structure	References
Red alga *Jania rubens*	20	16_-hydroxy-5_-cholestane-3,6-dione	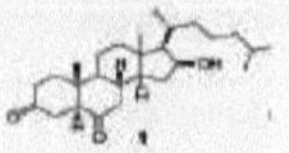	Denanc'e *et al.* (2006)
Red alga *Acantophora spicifera*	21	5_-cholestane-3,6-dione	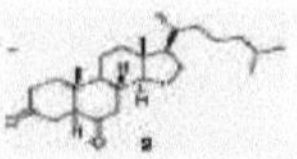	
Red alga *Acantophora spicifera*	22	11-hydroxy-5_-cholestane-3,6-dione	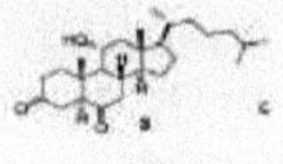	
Red alga *Hypnea musciformis*	23	20-hydroxy-5_-cholest-22-ene-3,6-dione	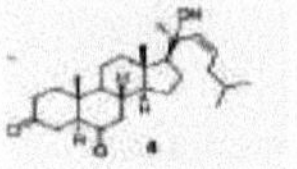	
Microcystis sp	24	Microcystins	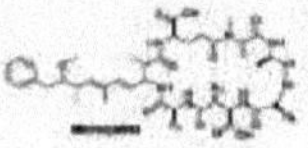	Codd *et al.* (2005)
Nodularia sp	25	Nodularins	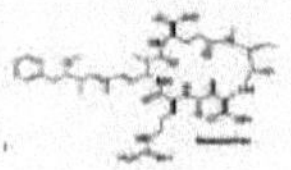	
Oscillatoria sp	26	Anatoxin-a		
Oscillatoria sp	27	Anatoxin-a (S)		
Anabaena sp	28	Cylindrospermopsin	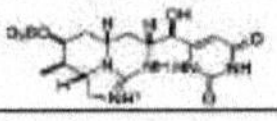	

Quadro 4. Continuação

From a *Penicillium* sp separated from an *Enteromorpha* alga	29	penostatins A-E	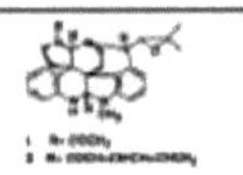	Iwamoto *et al.* (1999)
	30		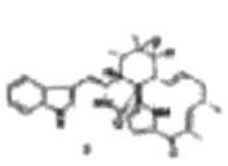	
	31		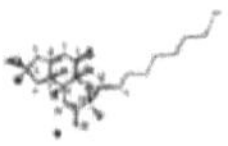	
	32			
	33		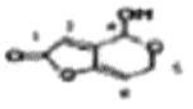	

CAPÍTULO 3

CONCLUSÃO:

A partir da presente revisão, os autores concluem que os efeitos de vários stresses nas algas levaram a alterações na expressão genética e estão relacionados com a produção de metabolitos secundários que têm diferentes actividades biológicas como actividades antioxidantes, anticancerígenas e antimicrobianas.

Referências

Adams C, Godfrey V, Wahlen B, Seefeldt L, Bugbee B. Compreender o stress de precisão do azoto para otimizar o crescimento e a troca de conteúdo lipídico em microalgas verdes oleaginosas. Bioresour Technol 2013;131:188-94.

Aflalo C,Meshulam Y, Zarka A, Boussiba S. On the relative efficiency of two- vs. one- stage production of astaxanthin by the green alga Haematococcus pluvialis. Biotechnol Bioeng 2007;98:300-5.

Ali NAA, Juelich W D, Kusnick C, Lindequist U. (2001). Triagem de plantas medicinais de Yemni para actividades antibacterianas e citotóxicas. JEthnopharmacol, 74: 173-179.

Amade P, Leme'e R (1998) Chemical defence of the Mediterranean alga Caulerpa taxifolia: variations in caulerpenyne production. Aq Toxicol 43:287-300.

Amsler CD (2008) Algal chemical ecology. Springer, Berlim, p 313.

Asada, K. (1999). O ciclo água-água nos cloroplastos: Eliminação de oxigénios activos e dissipação de fotões em excesso. Annu. Rev. Plant. Physiol. Plant. Mol. Biol. 50: 601 639..

Baquar SR (1989). Medicinal and Poisonous plants of Pakistan. PrintasKarachi, Paquistão.Bohm BA, Kocipai- Abyazan R (1994). Flavonóides e taninos condensados das folhas de Vaccinum raticulation e Vaccinum calcyimium . Pacific Sci., 48: 458463.

Ben-Amotaz, A.; Shaish, A. e Avron, M. (1991). A biotecnologia do cultivo de Dunaliella para a produção de algas ricas em B-caroteno. Bioresour. Technol., 38: 233-335.

Boussiba, S. e Richmond, A. E. (1980). C-ficocianina como proteína de armazenamento na alga azul-verde **Spirulina platensis.** Arch. Micrbiol., 125: 143-147.

Breeman AM (1988) Importância relativa da temperatura e de outros factores na determinação dos limites geográficos das algas marinhas: Evidências experimentais e fenológicas. Helgol Wiss Meeresunters 42:199-241.

Cai Y, Luo Q, Sun M, Corke H (2004). Atividade antioxidante e compostos fenólicos de 112 plantas medicinais tradicionais da China associadas a anticancerígenos. Life Sci., 74: 21572184.

Carmichael WW. Metabolitos secundários de cianobactérias - as cianotoxinas. J Appl Microbiol 1992;72:445-59.

Chakraborty A, Brantner H A (1999). Esteróides antibacterianos, alcalóides da casca do caule de

Chapman, A. (1986). Population and Community Ecology in Seaweeds. Adv. Mar. Biol. 23: 1-161.

Chen C, Pearson A M, Gray J I B (1992). Efeitos de antioxidantes sintéticos (BHA, BHT e PG) na mutagenecidade de compostos semelhantes a QI. Food Chem, 43: 177-183.

Chu W-L. Aplicações biotecnológicas de microalgas. IeJSME 2012;6:S24-37.

Codd GA, Morrison LF, Metcalf JS. Cyanobacterial toxins: risk management for health protection (Toxinas de cianobactérias: gestão dos riscos para a proteção da saúde). Toxicol. Appl. Pharmacol. 2005, 203: 264-272.

Connam S, Deslandes E, Gall EA (2007) Influência dos ciclos dia-noite e maré no teor de fenóis e na capacidade antioxidante de três algas castanhas intertidais temperadas. J Exp Mar

Bio Ecol 349:359-369.

Cordell GA (1993). Farmacognosia. Novas raízes para uma ciência antiga. In: Atta-ur-Rahman, Basha F Z, editores. Studies in natural productschemistry. Vol. 13: Produtos naturais bioactivos (Parte A).
Cronin G, Hay ME (1996) Susceptibility to herbivores depends on recent history of both the plant and animal. Ecologia 17:1531-1543.

Cronin G, Hay ME (1996a) Effects of light and nutrient availability on the growth, secondary chemistry, and resistance to herbivory of two brown seaweeds. Oikos 77:93106.

Cronin, G., Lodge, D.M. (2003). Effects of light and nutrient availability on the growth, allocation, carbon/nitrogen balance, phenolic chemistry, and resistance to herbivory of two freshwater macrophytes. Oecologia 137: 32-41.

Dahlich, E.; Kerres, R. e Jager, H. J. (1983). Influência do stress hídrico na distribuição vacúolo/extravacuola da pralina em protoplastos de **Nicotiana rustica**. Plant Physiol, 72: 590-591.

Davison IR (1991) Environmental effects on algal photosynthesis: temperature. J Phycol 27:2-8.

Del Campo JA, Moreno J, Rodriguez H, Angeles Vargas M, Jn Rivas, Guerrero MG. Teor de carotenóides das microalgas clorofíceas: factores que determinam a acumulação de luteína em
Denance M, Guyot M, Samadi M. Síntese curta de 16_-hidroxi-5_colestano-3,6- diona, um novo oxisterol marinho citotóxico. Steroids 2006, 71: 599-602.

Edeoga HO, Okwu DE, Mbaebie BO (2005). Constituintes fitoquímicos de algumas plantas medicinais nigerianas. Afr. J. Biotechnol, 4:685-688.

Fransworth NR, Morris RW (1976). Higher plants: The sleeping Giant of Drug Development.

Am. J. Pharm., 148: 46-52.
Geisssman TA (1963). Flavonoid compounds, Tannins, Lignins andrelated compounds, p. 265. Em M. Florkin e Stotz (Ed), PyrrolePigments, Isoprenoid compounds and phenolic plant constituentsVol. 9. Elsevier New York.
Gonzalez M, Alarcon B, Carrasco L. Polysaccharides as antiviral agents: antiviral of carragenan. Antimicrob. Agents Chemother. 1987, 31: 1388-1393.

Hadi S, Bremner B (2001). Estudos iniciais sobre alcalóides de plantas medicinais de Lombok. Molecules, 6: 117-129.

Harborne JB (1973). Métodos de análise de plantas. In: PhytochemicalMethods. Chapman and Hall, Londres.

Holarrhena pubescens. J. Ethnopharmacol, 68: 339-344.

Hostettmann, K.; A. Marston (1995). *Saponins*. Cambridge: Cambridge University Press. p. 3ff ISBN 0-521-32970-1. OCLC 29670810. "Saponins". Universidade de Cornell. 14 de agosto de 2008. Recuperado em 23 de fevereiro de 2009.

Hu Q. Efeitos ambientais na composição celular. In: Richmond A, editor. Handbook of microalgal culture: biotechnology and applied phycology. Oxford: Blackwell Publishing Ltd; 2004.

Hunt, L.J.H., Denny, M.W. (2008). Proteção contra a dessecação e perturbação: um compromisso para uma alga marinha intertidal. J. Phycol. 44: 1164-1170.

Iwamoto C, Minoura K, Oka T, Ohta T, Hagishita S, Numata A. Estereoestruturas absolutas de novos metabolitos citotóxicos, penostatinas A-E, de uma espécie de **Penicillium** separada de uma alga **Enteromorpha**. Tetrahedron 1999, 55: 14353-14368.
J. Bruneton, Pharmacognosy, Phytochemistry Medicinal plants, 2^{n} edition, Lavoisier Publishing, France .

Kamiya M, Nishio T, Yokoyama A, Yatsuya K, Nishigaki T, Yoshikawa S, Ohki K (2010) Variação sazonal de florotanino em espécies de sargaço da costa do Mar do Japão. Phycol Res 58:53-61.

Kannabiran K, Ramalingham RT, Venkatesan GK (2008). AntibacterialActivity of saponin isolated from the leaves of Solatium trilobatum Linn. J.App. Bio. Sc., 2: 109- 112.Lewington A (1990). Plants for people. The Natural History MuseumLondres, Reino Unido.

Kuwano K, Matsuka S, Kono S, Ninomiya M, Onishi J, Saga N (1998) Crescimento e teor de laurinterol e debromolaurinterol em Laurencia okamurae (Ceramiales, Rhodophyta). J Appl Phycol 10:9-14.

Lee-Saung H, Lee-Yeon S, Jung-Sang H, Kang-Sam S, Shin-Kuk H. Actividades antioxidantes do fucosterol da alga marinha **Pelvetia siliquosa**. Archives of Pharmacal Research 2003, 26: 719-722.

Lobban CS, Harrison PJ (1994) Seaweed ecology and physiology. Cambridge University Press, Cambridge.

Luning K (1990) Seaweeds: their environment, biogeography, and ecophysiology. Wiley, Nova Iorque, p 527.

M. Heinrich, J. Barnes, S. Gibbon e E.M. Williamson, Fundamentals of Pharmacognosy and Phytotherapy, Churchill, Livingstone, Londres.

Malencic D, Popovic M, Miladinovic J (2007). Conteúdo fenólico e propriedades antioxidantes das sementes de soja (Glycine max (L.) Merr.) Molecules, 12: 576-581.

Markou, G. e Nerantzis, E. (2013). Microalgas para a produção de compostos de alto valor e biocombustíveis: Uma revisão com foco no cultivo em condições de stress. Biotechnology Advances 31 (2013) 1532-1542.

Mendoza, M.; Jimenezdelrio, M.; Reina, G. G. e Ramazanov, Z. (1996). A baixa temperatura induziu a síntese de B-carotente e de ácidos gordos e a reorgenização ultra-estrutural do cloroplasto em **Dunaliella salina** (chlorophta). Eur. J. Phycol., 31: 329-331.

Mitscher LA, Drake S, Golloapudhi SR, Okwute SK (1987). A modern look at folkloric use of anti infective agents. J. Nat. Prod., 50: 1025-1040.

Mojab F, Kamalinejad M, Ghaderi N, Vahidipour HR (2003).Phytochemical Screening of some Species of Iranian Plants. IranianJ. Pharma. Res., 77-82.

Muriellopsis sp. (Chlorophyta). J Biotechnol 2000;76:51-9.

Murru, M., Sandgren, C.D. (2004). O habitat é importante para a aquisição de carbono inorgânico em 38 espécies de macroalgas vermelhas (Rhodophyta) de Puget Sound, Washington, EUA. J. Phycol. 40 (5): 837-845.

Nahas R, Abatis D, Anagnostopoulou MA, Kefalas P, Vagias C, Roussis V. Radicalscavenging activity of Aegean Sea marine algae. Food Chemistry 2007, 102(3): 577581.

Palma R, Edding M, Rovirosa J, San-Marti'n A, Argandon VH (2004) Efeito da densidade do fluxo de fotões e da temperatura na produção de monoterpenos halogenados por Plocamium cartilagineum (Plocamiaceae, Rhodophyta). Z Naturforsch C 59c:679-683.

Palma R, Edding M, Rovirosa J, San-Marti'n A, Argandon VH (2004) Efeito da densidade do fluxo de fotões e da temperatura na produção de monoterpenos halogenados por *Plocamium cartilagineum* (Plocamiaceae, Rhodophyta). Z Naturforsch C 59c:679-683.

Pavia H, Brock E (2000) Factores extrínsecos que influenciam a produção de florotaninos na alga castanha Ascophyllum nodosum. Mar Ecol . Prog Ser 193:285-294.

Pavia H, Cervin G, Lindgren A, A ° berg P (1997) O efeito da radiação UV-B e herbivoria simulada na produção de florotaninos na alga castanha Ascophyllum nodosum. Mar Ecol

Prog Ser 157:139-146.

Pavia H, Toth GB (2000) Influência da luz e do azoto no teor de florotaninos das algas castanhas **Ascophyllum nodosum** e **Fucus vesiculosus**. Hydrobiologia 440:299-305.

Peckol P, Krane JM, Yates JL (1996) Efeitos interactivos da defesa induzida e da disponibilidade de recursos sobre os colorotaninos na alga castanha do Atlântico Norte **Fucus** *vesiculosus*. Mar Ecol Prog Ser 138:209-217.

Pulz O, Gross W. Produtos valiosos da biotecnologia de microalgas. Appl Microbiol Biotechnol 2004;65:635-48.

Rastogi RP, Sinha RP. Biotechnological and industrial significance of cyanobacterial secondary metabolites (Importância biotecnológica e industrial dos metabolitos secundários de cianobactérias). Biotechnol Adv 2009;27:521-39.

Riis, T., Sand-Jensen K., Vestergaard O. (2000). Comunidades vegetais em riachos dinamarqueses de planície: composição de espécies e factores ambientais. Aquat. Bot. 66: 255-272.

Ruberto G, Baratta MT, Biondi DM, Amico V. Antioxidant activity of extracts of the marine algal genus *Cystoseria* in a micellar model system. J. Appl. Phycol. 2001, 13: 403- 407.

Sahara H, Hanashima S, Yamazaki T, Takahashi S, Ohtani S, Ishikawa M, Mizushina Y, Ohta K, Shimozawa K, Gasa S, Jimbow K, Sakaguchi K, Sato N, Takahashi N, et al. Efeito antitumoral de sulfolípidos sintetizados quimicamente com base nos sulfonoquinovosilmonoacilgliceróis naturais *do ouriço-do-mar*. Jpn. Jpn. Cancer Res. 2002, 93: 85- 92.

Shalaby, E.A.A. (2004). Estudos químicos e biológicos em *espécies de Spirulina*. Dissertação de Mestrado. Tese, Departamento de Bioquímica, Faculdade de Agricultura, Universidade do Cairo.

Shalaby, EA. (2008). Estudos biotecnológicos e bioquímicos sobre algumas espécies de macroalgas. Doutoramento, Universidade do Cairo, Giza, Egito, pp. 4.

Sharenkova, H. e Klyachko-Gurvich, G. (1975). Alterações na composição e conteúdo de ácidos gordos em **Spirulina platensis** (Gom.) Geilter, cultivada sob diferentes condições de nutrição azotada, C. R. Acad. Agric. G. Dimitrov, 8, 43.

Sheehan J, Dunahay T, Benemann J, Roessler P. 1998. A look back at the US Department of Energy's aquatic species program - Biodiesel from algae. Relatório do Laboratório Nacional de Energias Renováveis (NREL): NREL/TP-580-24190. Golden, CO.

Skjanes K, Rebours C, Lindblad P. Potencial das microalgas verdes para produzir hidrogénio, produtos farmacêuticos e outros produtos de elevado valor num processo combinado. Crit Rev Biotechnol 2012:1-44.

Tippmann, HF., Schluter, U. e Collinge, DB. (2006). Common Themes in Biotic and Abiotic Stress Signalling in Plants (Temas comuns na sinalização de stress biótico e abiótico em plantas). Floriculture, Ornamental and Plant Biotechnology Volume III ©2006 Global Science Books.

Underwood, G.J.C., Kromkamp, J. (1999). Primary production by phytoplankton and microphytobenthos in estuaries. Adv. Ecol. Res. 29: 93-153.

Vonshak, A.; Kancharaksa, N.; Bunnag, B. e Tanticharoen, M. (1996). Papel da luz e da fotossíntese no processo de aclimatação da cianobactéria **Spirulina platensis** ao stress da salinidade. J. Appl. Phycol., 8: 119-124.

W.C. Evans, Trease and Evans Pharmacognosy, Quinta edição, Harcourt Brace and Company Asia, Pvt. Ltd.

Weng XC, Wang W. Atividade antioxidante de compostos isolados da Salvia plebeian. Química alimentar 2000, 71 (4): 489-493.

Xin, L., Hong-Ying, H, Yu-Ping, Z. (2011). Propriedades de crescimento e acumulação de lípidos de uma microalga de água doce scendesmus sp sob diferentes temperaturas de cultivo. Techn., 102: 3098-3102.

Xu N, Fan X, Yan X, Tseng CK. Triagem de algas marinhas da China quanto às suas actividades antitumorais J. Appl. Phycol. 2004, 16: 451-456.

I want morebooks!

Buy your books fast and straightforward online - at one of world's fastest growing online book stores! Environmentally sound due to Print-on-Demand technologies.

Buy your books online at
www.morebooks.shop

Compre os seus livros mais rápido e diretamente na internet, em uma das livrarias on-line com o maior crescimento no mundo! Produção que protege o meio ambiente através das tecnologias de impressão sob demanda.

Compre os seus livros on-line em
www.morebooks.shop

Printed by Books on Demand GmbH, Norderstedt / Germany